ABITUR Skript

Geographie

Gymnasium
Bayern

STARK

ISBN 978-3-8490-0970-0

Inhalt

Blauer Planet und Geozonen 1.

1 Atmosphärische Grundlagen ... 1
1.1 Aufbau und Zusammensetzung der Atmosphäre ... 1
1.2 Globale Beleuchtungs- und Wärmeverhältnisse ... 2
1.3 Kohlenstoffkreislauf ... 3

2 Atmosphärische Zirkulation ... 3
2.1 Der Antrieb ... 3
2.2 Das Drei-Zellen-Modell ... 4
2.3 Klimazonen ... 5
2.4 Wettergeschehen in Mitteleuropa ... 6

3 Geozone Meer ... 8
3.1 Ursachen und Folgen ozeanischer Strömungen ... 8
3.2 Globale ozeanische Zirkulation ... 8
3.3 Bedeutung der Weltmeere für das Globalklima ... 9
3.4 Das El-Niño-Phänomen ... 10

4 Vegetationszonen ... 12
4.1 Potenzielle natürliche Vegetation ... 12
4.2 Nutzung durch den Menschen ... 12

Ökosysteme und anthropogene Eingriffe 2.

1 Die immerfeuchten Tropen ... 14
1.1 Naturpotenzial ... 14
1.2 Geschlossener Nährstoffkreislauf ... 15
1.3 Ursachen und Folgen nicht angepasster Landnutzung ... 16
1.4 Maßnahmen zum Schutz der tropischen Regenwälder ... 18

2 Die wechselfeuchten Tropen ... 18
2.1 Naturpotenzial ... 18
2.2 Desertifikationsprozesse ... 20
2.3 Gliederung der Tropen ... 21

3 Subpolare Zone **21**
3.1 Naturpotenzial 22
3.2 Wirtschaftliche Nutzung 23
3.3 Probleme der Ressourcenerschließung 23

4 Polare Zone **23**
4.1 Naturpotenzial 23
4.2 Naturraum der Antarktis 24
4.3 Raumerschließung und -nutzung in der Antarktis 25
4.4 Antarktisverträge und Schutzvereinbarungen 25

3. **Ressourcen – Nutzung, Gefährdung und Schutz**

1 Wasser als Lebensgrundlage **26**
1.1 Vorkommen und Verfügbarkeit 26
1.2 Wassergewinnung und -verbrauch 26
1.3 Wasserkreisläufe 27
1.4 Eingriffe in den natürlichen Wasserhaushalt 27

2 Wasser als Produktionsfaktor **28**
2.1 Formen der Bewässerungslandwirtschaft 28
2.2 Industrielles Brauchwasser 29
2.3 Hydroenergie 30
2.4 Negative Folgen und Nutzungskonflikte 30

3 Flüsse als Lebensadern **32**
3.1 Nutzung als Entwicklungsachsen 32
3.2 Eingriffe in Fluss-Systeme 32
3.3 Staudammprojekte seit der zweiten Hälfte des 20. Jh. 34

4 Mineralische Rohstoffe und ihre Bedeutung **35**
4.1 Verbreitung, Verfügbarkeit und Nutzung 35
4.2 Geopolitische Aspekte 37

5 Weltenergie – Probleme und Perspektiven **37**
5.1 Fossile Energierohstoffe 37
5.2 Ökologische Risiken 39
5.3 Europäisches Pipelinenetz 39

6 Substitution von Rohstoffen ... 40
6.1 Recycling ... 40
6.2 Erneuerbare Energien ... 41
6.3 Nachwachsende Rohstoffe ... 41

Folgen menschlichen Verhaltens in Risikogebieten

1 Die Alpen – eine ökologisch labile Bergregion ... 42
1.1 Naturräumliches Potenzial ... 42
1.2 Anthropogene Nutzung und Schutz der Bergwelt ... 43

2 Erdbeben, Tsunami, Vulkanismus – Regionen mit großem Gefährdungspotenzial ... 44
2.1 Endogene Ursachen ... 44
2.2 Schutzmaßnahmen ... 45

3 Klimawandel und Klimaschutz ... 46
3.1 Klimawandel ... 46
3.2 Maßnahmen zum Klimaschutz ... 48

Eine Welt

1 Merkmale und Ursachen unterschiedlicher Entwicklung ... 49
1.1 Indikatoren zur Differenzierung von Staaten ... 49
1.2 Abgrenzung von Staatengruppen ... 50

2 Entwicklungstheorien und -strategien ... 51
2.1 Theorien von Entwicklung ... 51
2.2 Strategien der Entwicklung ... 53
2.3 Entwicklungshilfe/Entwicklungszusammenarbeit ... 55

Bevölkerungsentwicklung

1 Globale und regionale Bevölkerungsverteilung ... 56
1.1 Entwicklung der Weltbevölkerung ... 56
1.2 Regionale Bevölkerungsverteilung ... 57

2 Bevölkerungsentwicklung in Ländern unterschiedlichen Entwicklungsstandes ... 57

2.1 Bevölkerungsaufbau und demographischer Wandel ... 57

2.2 Das Modell des demographischen Übergangs ... 58

2.3 Bevölkerungspolitik ... 59

3 Weltweiter Migrationsprozess ... 60

3.1 Ursachen und Folgen von Migration ... 60

3.2 Internationale Flüchtlingsströme ... 63

7 [redacted]. Weltweite Verstädterung

1 Eigenschaften von Städten ... 64

2 Entwicklung in städtischen Räumen ... 65

2.1 Die europäische Stadt ... 65

2.2 Die nordamerikanische Stadt ... 67

2.3 Die lateinamerikanische Stadt ... 68

2.4 Die islamisch-orientalische Stadt ... 69

3 Weltweite Metropolisierung ... 70

3.1 Metropolisierungsprozess ... 70

3.2 Megacitys ... 70

8 [redacted]. Globalisierung

1 Globalisierung von Produktion und Absatz ... 72

1.1 Rahmenbedingungen des Globalisierungsprozesses ... 72

1.2 Wandel der Unternehmensstruktur ... 72

1.3 Rückwirkungen auf den Wirtschaftsstandort Deutschland ... 74

2 Länder unterschiedlichen Entwicklungsstandes im Prozess der Globalisierung ... 74

2.1 Anteile am Welthandel ... 74

2.2 Terms of Trade ... 75

2.3 Chancen und Risiken internationaler Arbeitsteilung ... 76

3 Steuerung des Globalisierungsprozesses **77**
3.1 Zielsetzungen bedeutender Wirtschaftsblöcke 77
3.2 Weltwirtschaftsordnung 78
3.3 Wirksamkeit internationaler Handelsabkommen 79

4 Ferntourismus **80**
4.1 Voraussetzungen und Entwicklung 80
4.2 Auswirkungen auf Quell- und Zielregionen 81
4.3 Grenzen des touristischen Wachstums 82

Deutschland – Raumstrukturen und Entwicklungsprozesse

1 Der demographische Wandel **84**
1.1 Regional unterschiedliche Bevölkerungsentwicklung 84
1.2 Grenzüberschreitende Migration und ihre Folgen 86

2 Entwicklung in städtischen Räumen **87**
2.1 Folgen der Tertiärisierung für die Städte 87
2.2 Suburbanisierung und deren Folgen 88
2.3 Stadtumbau West und Ost 89
2.4 Nachhaltige Stadtentwicklung 91

3 Wirtschaftsräumliche Disparitäten **92**
3.1 Bedeutungswandel ländlicher Räume 92
3.2 Neuorientierung altindustrieller Gebiete 93
3.3 Wirtschaftliche Entwicklung in Ostdeutschland 94

4 Regionale Bedeutung des Tourismus 96
4.1 Tradition und Wandel in Fremdenverkehrsregionen 96
4.2 Neue Freizeitangebote und deren Standortfaktoren 98
4.3 Nachhaltige Raumnutzung durch sanften Tourismus 98

Stichwortverzeichnis **99**

Quellennachweis **103**

Autor: Rainer Koch

Vorwort

Liebe Schülerinnen und Schüler,

in diesem handlichen Skript finden Sie alle wesentlichen Inhalte, die Sie im Fach **Geographie** im Abitur beherrschen müssen. Es führt Sie in neun **Kapiteln** durch den **prüfungsrelevanten Stoff**, den das bayerische Bildungsministerium in seinen inhaltlichen Vorgaben für das Abitur festgelegt hat.
Durch seinen klar strukturierten Aufbau eignet sich dieses Skript besonders zur Auffrischung und Wiederholung des Prüfungsstoffs kurz vor dem Abitur:

- Im **Inhaltsverzeichnis** finden Sie Untergliederungen zu den Kapiteln „Blauer Planet und Geozonen", „Ökosysteme und anthropogene Eingriffe", „Ressourcen – Nutzung, Gefährdung und Schutz", „Folgen menschlichen Verhaltens in Risikogebieten" sowie „Eine Welt", „Bevölkerungsentwicklung", „Weltweite Verstädterung", „Globalisierung" und „Deutschland – Raumstrukturen und Entwicklungsprozesse".
- Zahlreiche **Abbildungen** veranschaulichen den jeweiligen Lerninhalt.
- **Definitionen** sind durch einen grauen Balken am Rand gekennzeichnet. Wichtige Begriffe werden durch **Fettdruck** hervorgehoben.
- **Modelle** werden im Zusammenhang mit den entsprechenden Darstellungen erläutert.
- **Beispiele** verdeutlichen an vielen Stellen das allgemein Gesagte und konkretisieren es.
- Mithilfe des **Stichwortverzeichnisses** finden Sie schnell die gesuchten Begriffe.

Viel Erfolg beim Lernen mit diesem Buch!

Rainer Koch

Blauer Planet und Geozonen

1 Atmosphärische Grundlagen

1.1 Aufbau und Zusammensetzung der Atmosphäre

Die **Erdatmosphäre** ist die Gashülle um die Erde und wird von der Schwerkraft festgehalten. Sie ist inhomogen und weist verschiedene Schichten („Sphären“) auf. Bis in 100 km Höhe besteht sie weitgehend aus Stickstoff (78,08 %), Sauerstoff (20,95 %) und Argon (0,93 %), ferner aus 0,04 % Spurengasen.

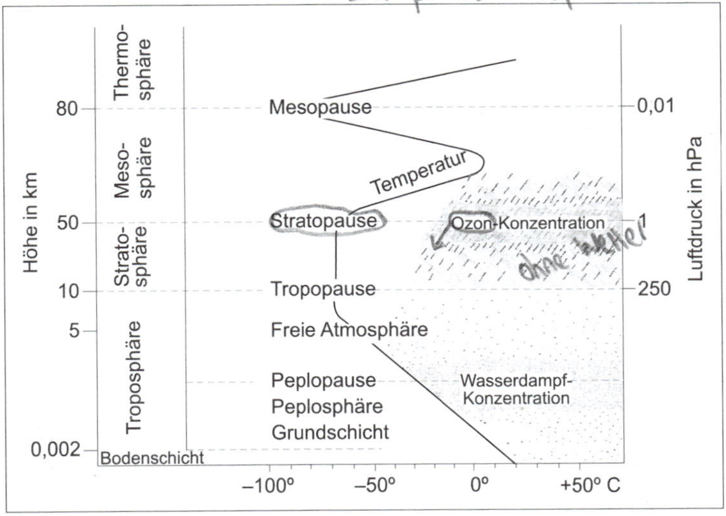

Vertikaler Aufbau der Atmosphäre

Beispiel

Die Troposphäre wird auch Wettersphäre genannt, in ihr spielen sich alle typischen Wettervorgänge ab, z. B. Bewölkung und Niederschlag.

1.2 Globale Beleuchtungs- und Wärmeverhältnisse

Kugelgestalt, Ekliptikschiefe (23,5 Grad Neigung der Erdachse zur Umlaufbahn) und **Erdrotation** bedingen, dass die Regionen der Erde aufgrund des unterschiedlichen Einfallswinkels an der Erdoberfläche unterschiedliche Mengen an **Sonnenenergie** erhalten. Ein hoher Wasserdampfgehalt der Luft und eine starke Bewölkung steigern zudem den Anteil indirekter Strahlung – diese unterschiedlichen Anteile an **Globalstrahlung** bedingen die unterschiedlichen **Klimate**.
Ein Teil der Energie wird in der Atmosphäre und an der Erdoberfläche gestreut und reflektiert. 30 % der kurzwelligen Einstrahlung werden reflektiert (**Albedo**), 26 % durch Wolken und Luftteilchen **absorbiert** und in langwelliger Wärmestrahlung in alle Richtungen abgegeben, 44 % direkte und diffuse Einstrahlung werden an der Erdoberfläche in Wärme umgewandelt. Ein Teil der langwelligen Ausstrahlung wird von Wolken und Gasen (z. B. CO_2) absorbiert und wieder zur Erde zurückgestrahlt (= **Treibhauseffekt**). Je größer der Anteil der Treibhausgase ist, desto größer der Treibhauseffekt und damit eine durch den Menschen verursachte zusätzliche Erderwärmung *(vgl. S. 47)*.

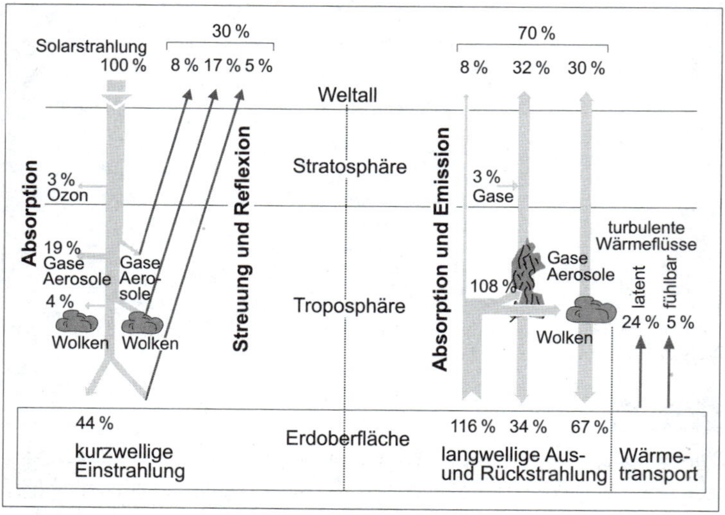

Strahlungshaushalt der Erde

1.3 Kohlenstoffkreislauf

Kohlenstoff kommt in der Natur **elementar** (z. B. als Graphit), **anorganisch** (z. B. in CO_2 oder CH_4) und in Form von **organischen Verbindungen** (z. B. in Erdöl oder Erdgas) vor. Mit „Kohlenstoffkreislauf" bezeichnet man alle Prozesse, durch die Kohlenstoff und seine chemischen Verbindungen in der Geosphäre umgesetzt werden.

Der größte Anteil des Kohlenstoffs (99 %) ist in Langzeitspeichern wie fossilen Energieträgern deponiert, lediglich 1 % befindet sich im Umlauf, davon 36 % in der Atmosphäre. Verändert sich diese Zusammensetzung, so kann dies unmittelbare Auswirkungen auf das Ausmaß des **anthropogenen Treibhauseffektes** haben *(vgl. S. 47)*.

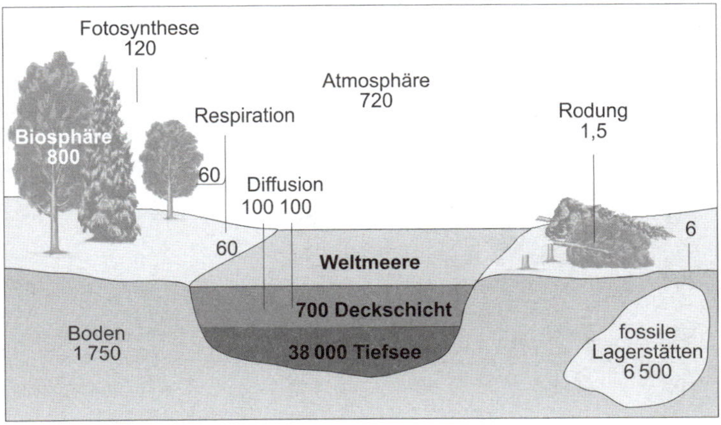

Der globale Kohlenstoffkreislauf (in Mrd. Tonnen)

2 Atmosphärische Zirkulation

2.1 Der Antrieb

Unterschiedliche Wärmeeinstrahlung zwischen den Tropen und den polaren Gebieten führt zu unterschiedlichen Temperaturen und, als Folge auf- oder absteigender Luftmassen, zu anderen Druckverhältnissen am Boden und in der Luft (Hoch und Tief). Als Konsequenz dieser Druckunterschiede kommt es zu Ausgleichsbewegungen (Gradientkraft): Es entstehen Winde, die vom hohen zum niedrigen Druck wehen. Folgende Einflussfaktoren verhindern, dass hierbei die Luft „geradeaus", also meridional vom Hoch zum Tief weht:

Coriolis-Beschleunigung	Folge der Erdrotation, hat ein Ablenken aller Winde auf der Nordhalbkugel nach rechts, auf der Südhalbkugel nach links zur Folge
Reibungskraft	bremst die Windgeschwindigkeit, je nach Beschaffenheit der Erdoberfläche mehr (Gebirge) oder weniger (Ebenen)
Zentrifugalkraft	lässt Luftwirbel entstehen; diese „wandernden" Hochs und Tiefs bestimmen weltweit das Wettergeschehen
Schwerkraft	wirkt sich z. B. beim Aufeinandertreffen warmer und kalter Luftmassen aus

Faktoren mit Einfluss auf Winde

2.2 Das Drei-Zellen-Modell

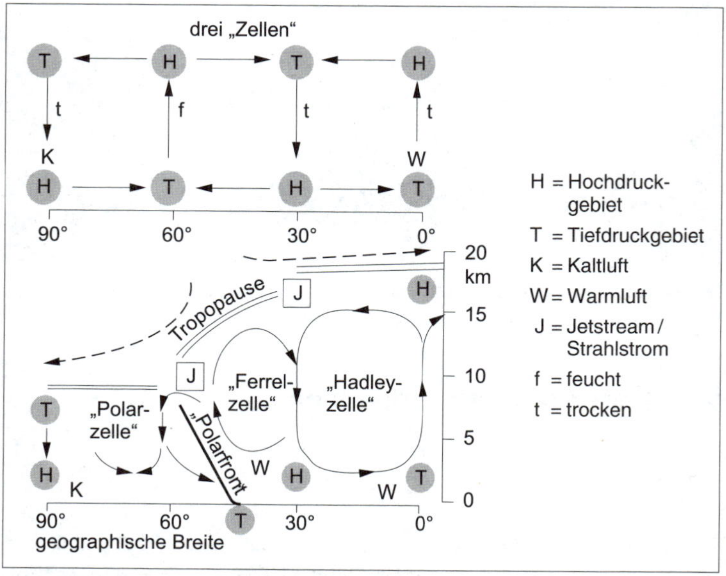

Drei-Zellen-Modell der atmosphärischen Zirkulation

Als Folge unterschiedlicher Sonnen- / Wärmeeinstrahlung herrschen am Boden folgende Druckzustände:

- **am Äquator**: ein Hitze-Tief wegen aufsteigender Luftmassen
- **an den Polen**: Kälte-Hochs wegen absteigender Luftmassen

Zwischen diesen befinden sich auf jeder Halbkugel drei **Zirkulationsräder** (**Hadley-, Ferrel-** und **Polarzelle**), die in unterschiedliche Höhen hinaufreichen, am höchsten im Bereich der Tropen. An der Polarfront treffen Kaltluft und Warmluft aufeinander, was zu dynamischem Wettergeschehen führt; in der Höhe entstehen bei 30 und 60 Grad Breite **Jetstreams**, bandartige Windströme mit hohen Geschwindigkeiten. Die drei Zirkulationsräder bedingen am Boden weitere Druckgürtel auf beiden Halbkugeln:

- **Subtropenhoch** mit häufiger Windstille auf den Ozeanen
- **subpolare Tiefdruckgürtel** im Bereich der Polarfronten

2.3 Klimazonen

Die **Klimazonen** der Erde sind **zonal** und auf beiden Erdhalbkugeln spiegelbildlich angeordnet. In Abhängigkeit von unterschiedlicher Sonneneinstrahlung kann man die Erdoberfläche zwischen dem Äquator und den Polen jeweils in vier breitenkreisparallele Zonen unterteilen: **Tropen, Subtropen, Gemäßigte Breiten und Kalte Zone** *(Abb. S. 6)*.

Verteilung von Land und Meer	hat Einfluss auf die Temperaturamplitude und die Niederschlagsmenge, führt zur Unterscheidung von maritimem bzw. kontinentalem Klima
Höhenlage	mit der Höhe nimmt die Temperatur stetig ab
Luv- oder Lee-Lage	bedingt unterschiedlich hohe Niederschlagsmengen
Exposition eines Hanges	die Süd- oder Nordausrichtung hat eine unterschiedlich starke Sonneneinstrahlung zur Folge

Variablen mit Einfluss auf das Regionalklima

Beispiel

Der **Föhn** an der Alpennordseite ist ein warmer Fallwind. Die Luft, die sich auf der Luvseite des Gebirges mit der Höhe abgekühlt hat, erwärmt sich beim Absinken auf der Leeseite, Niederschläge bleiben aus.

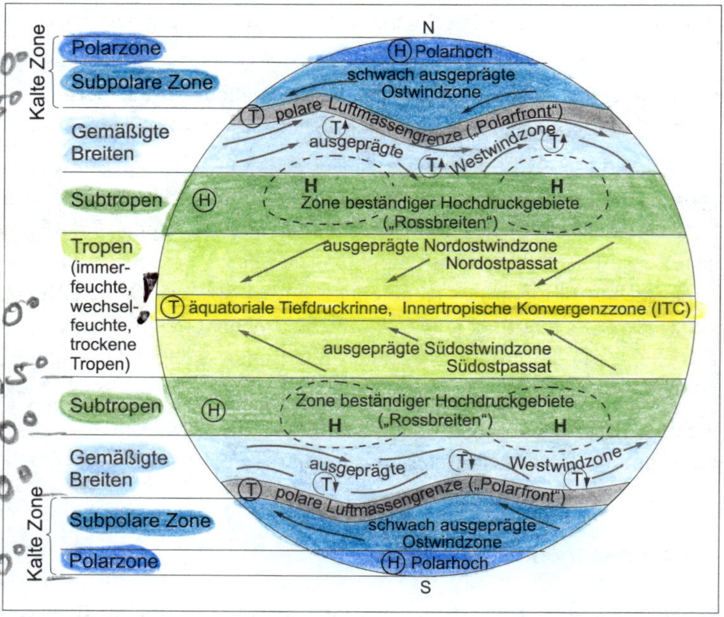

Luftdruck und Windgürtel in den bodennahen Schichten

2.4 Wettergeschehen in Mitteleuropa

Da warme Luftmassen aus den Tropen und kalte aus den polaren Gebieten in den Gemäßigten Breiten aufeinandertreffen, ist das Wettergeschehen dort deutlich instabiler als in den Tropen, Subtropen und in den Polargebieten. Die **Polarfront** trennt die beiden Luftmassen, die eine unterschiedliche Dichte besitzen. Polare Ostwinde und wärmere Westwinde gleiten in einer sogenannten außertropischen Zyklone aneinander vorbei, vermischen sich aber nicht direkt. Leichtere warme Luft (**Warmfront**) schiebt sich über kältere schwere Luft (**Kaltfront**). Es kommt zu Turbulenzen (**Zyklonen**). Die in der Höhe strömenden **Jetstreams** transportieren diese von West nach Ost, wobei sich Kaltfronten schneller vorwärtsbewegen. Nach 5–6 Tagen bildet sich eine **Okklusion**, d. h. die Warmfront wird von der Kaltfront eingeschlossen und vom Boden abgehoben *(siehe Abb. S. 7)*.

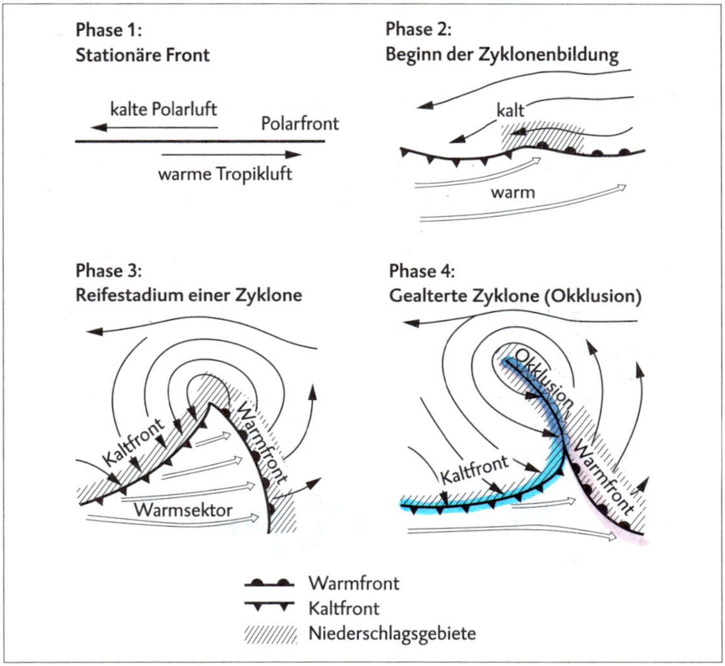

Entwicklung einer außertropischen Zyklone

Kaltfronten bringen zum Teil heftige Schauer, Warmfronten eher langanhaltenden leichten Regen. Weil durchziehende Warmluft einen niedrigeren Luftdruck aufweist, bezeichnet man sie auf Wetterkarten auch als „**durchziehende Tiefdruckgebiete**".
Wegen der großen Temperaturunterschiede zwischen Tropen und Arktis bestimmen Zyklonen besonders im Winter das Wetter in Mitteleuropa. Sie werden teilweise abgelöst von **Antizyklonen,** wandernden Hochdruckzellen mit absinkender, trockener Luft, Wolkenauflösung und ungehinderter Sonneneinstrahlung („Strahlungswetterlage").

Beispiel

Häufig findet man niederschlagsreiche Auflösungsgebiete von Zyklonen in den Baltischen Staaten und NW-Russland.

3 Geozone Meer

3.1 Ursachen und Folgen ozeanischer Strömungen

Weltmeere und Meeresströmungen haben großen Einfluss auf das Klima, da sie viel kaltes und warmes Wasser transportieren.

Ursachen von Meeresströmungen	Folgen von Meeresströmungen
• **Thermohaline Zirkulation**: Unterschiede in der Temperatur (aufgrund der sich unterscheidenden Sonneneinstrahlung) und im Salzgehalt des Wassers führen zu Ausgleichsströmungen. • Die **Corioliskraft** lenkt v. a. die oberen Wasserschichten ab *(vgl. Windsystem S. 4).* • **Oberflächenströmungen** werden durch die globalen Windsysteme bis in eine Tiefe von 100 m beeinflusst.	• **Beeinflussung des Klimas**: Der Golfstrom transportiert z. B. umfangreiche warme Wassermassen aus den Tropen bis nach Nordnorwegen und verursacht ein milderes Klima, eisfreie Häfen oder längere Vegetationsperioden in Nordeuropa. • Kaltes, nährstoffreiches Auftriebswasser steigt auf (**Upwelling**), wo Oberflächenwasser durch Winde verlagert wird.

Ursachen und Folgen von ozeanischen Strömungen

3.2 Globale ozeanische Zirkulation

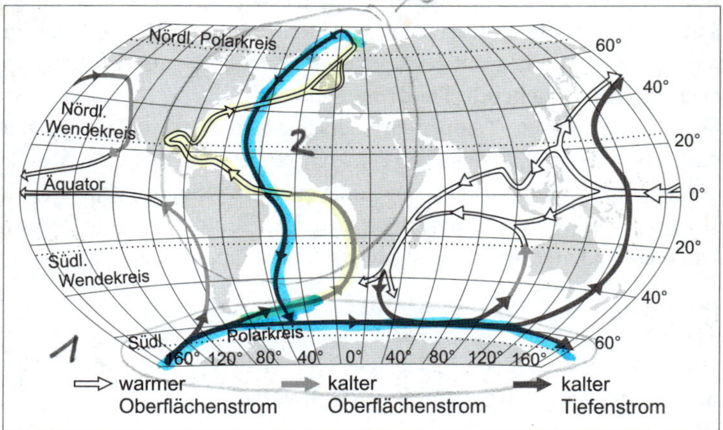

Modell der globalen ozeanischen Zirkulation

Motoren der ozeanischen Zirkulation

- **Golfstrom**: Auf seinem Weg nach Nordeuropa kühlt dieser bis auf 0 °C ab, wird dabei salzhaltiger und gewinnt an Dichte, weswegen sein Wasser zwischen Spitzbergen und Grönland in die Tiefe absinkt und von dort als „North Atlantic Deep Water" zurück nach Süden fließt bis zum Rand des Südpolarmeeres.
- **Antarktischer Zirkumpolarstrom**: Dieser zweite „Motor" der ozeanischen Zirkulation treibt im Uhrzeigersinn um den antarktischen Kontinent und liefert allen angrenzenden Ozeanen sehr kaltes, sauerstoffreiches Tiefenwasser („Antartic Bottom Water").
- **Oberflächenströmungen**: Wo Passate das warme Oberflächenwasser verlagern, steigt Tiefenwasser auf und fließt mit dem Wärmeüberschuss der Tropen zurück in den Atlantik.

3.3 Bedeutung der Weltmeere für das Globalklima

- **Klimaschwankungen** werden durch die thermische Trägheit des Wassers verlangsamt.
- **Wärmespeicher**: Die Speicherkapazität von Wasser ist 3000-mal größer als die von Luft. Je nach Jahreszeit wirken Meere kühlend oder wärmend auf Festlandgebiete („maritimes" Klima).
- **Wasserdampflieferant**: 10 % des über Meeren verdampften Wassers erreichen das Festland, regnen sich dort ab und reichern die Süßwassermengen an.
- **Kohlendioxidspeicher**: 2 Gt Kohlenstoff binden die Ozeane jährlich (die Luft 3 Gt) und verzögern nachhaltig den Treibhauseffekt. Die potenzielle Speicherkapazität beträgt 40000 Gt, damit sind die Meere die größte „Kohlenstoffsenke".

Sollte sich die globale Durchschnittstemperatur durch einen anthropogenen Treibhauseffekt erhöhen und sollte sich der Salzgehalt des Wassers, z. B. im Nordatlantik, verringern, könnte der Golfstrom erlahmen. Die Temperaturen in Europa könnten sinken und die Lebensbedingungen sich wesentlich verändern.

3.4 Das El-Niño-Phänomen

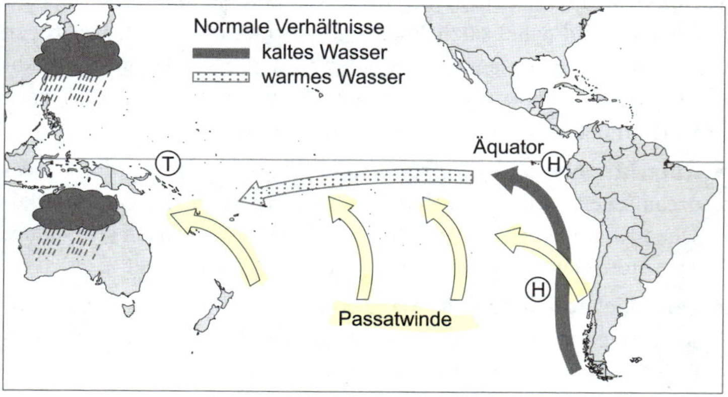

Ozeanographisch-meteorologischer Normalzustand

Um die Weihnachtszeit liegt die Wassertemperatur vor der Westküste Südamerikas in Peru mit 20 °C um 8 °C niedriger als auf demselben Breitenkreis vor Indonesien. Dies ist die Folge der starken **ablandigen Passatwinde**, die breitenkreisparallel als **Walker-Zirkulation** das Oberflächenwasser westwärts treiben. Kaltes **Auftriebswasser** aus der Tiefe (**Upwelling**) bildet den **Humboldtstrom**, der sauerstoffreiches Wasser, starkes Planktonwachstum und große Fischbestände aufweist. Während die Westküsten der Kontinente extrem trocken sind (**Atacama-Wüste**), regnen sich die feuchtwarmen Luftmassen beim Auftreffen auf die Ostseiten Südamerikas, Australiens und Südostasiens intensiv über den dortigen tropischen Regenwäldern ab. Weil unmittelbar am Äquator die Corioliskraft nicht wirkt, fließen die Winde in der Höhe breitenkreisparallel zum Ostpazifik zurück. Im Bereich des kalten Humboldtstroms sinken sie ab und bilden ein Hochdruckgebiet mit Trockenheit am Boden.

El Niño (span. „Christkind") nannten peruanische Fischer das Vorkommen abweichender Meeresströmungen und Wassertemperaturen vor der Pazifikküste in Äquatornähe. Dieses Phänomen tritt alle 4–9 Jahre auf.

Humboldstrom: Strom vor SüdAmerica
Atacamawüste in Chile

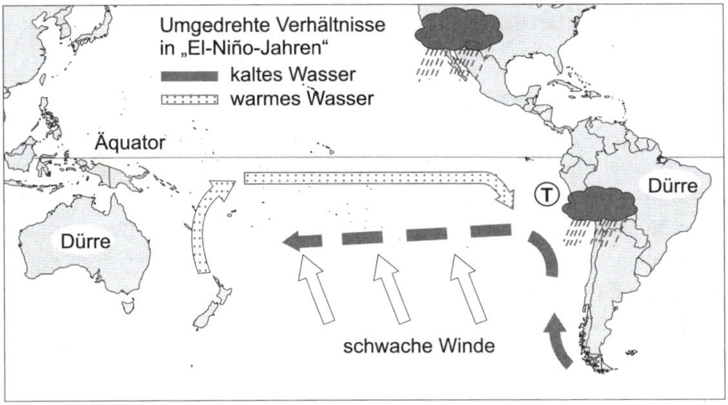

Ozeanographisch-meteorologischer Zustand in El-Niño-Jahren

In **El-Niño-Jahren** liegt die Innertropische Konvergenzzone (ITC) besonders weit südlich: Als Folge davon sind der SO-Passat vor der Westküste Südamerikas und damit die ablandigen Winde nur schwach ausgeprägt. Die kalten Tiefenwasser erreichen nicht die Oberfläche, die kalten Auftriebswasser fehlen, der kalte Humboldtstrom vor der Küste bleibt aus.

Aufgrund der deutlich höheren Wassertemperatur, bedingt durch die in unüblicher Richtung von West nach Ost ausgerichtete Meeresströmung, erreichen wasserdampfhaltige Winde die Westküste der amerikanischen Kontinente und regnen sich dort stark ab. Entsprechend trocken sind in El-Niño-Jahren die Ostküsten Australiens und Südostasiens. Sie leiden unter Dürren, was in extremen Jahren zu riesigen Bränden im Bereich des Regenwaldes führen kann.

	normalerweise	**in El-Niño-Jahren**
Oberflächenwasser	kalt	warm
Planktonreichtum	groß	gering
Fischbestände	groß	klein
Anzahl der Seevögel	zahlreich	gering
Naturdung Guano	umfangreich	gering
Guano-Exportanteil	hoch	gering
Deviseneinnahmen	hoch	gering

Ökologische und ökonomische Kausalkette

4 Vegetationszonen

4.1 Potenzielle natürliche Vegetation

Die Vegetationszonen befinden sich in etwa äquatorparallel in engem Zusammenhang mit den Klimazonen; sie weisen jeweils die gleiche oder ähnliche **potenzielle natürliche Vegetation** auf. Die von der Breitenlage abhängige Zonierung wird allerdings modifiziert durch die Lage auf den Kontinenten, die Höhenlage *(vgl. Abb. S. 42)* sowie die Exposition oder Luv-/Leelagen. Ein wesentlicher Bestimmungsfaktor neben dem Temperaturangebot ist die Wasserverfügbarkeit.

In Anpassung an den Jahresgang der beiden Klimaelemente Temperatur und Wasserverfügbarkeit haben sich in den einzelnen Klimazonen der Erde verschiedene **Böden** gebildet und auf ihnen im Zuge der Evolution unterschiedliche Pflanzen und Pflanzengesellschaften (**Flora**) entwickelt. Auch die Tierwelt (**Fauna**) hat sich angepasst.

4.2 Nutzung durch den Menschen

Die unterschiedlichen natürlichen Voraussetzungen führten zu verschiedenen Lebens- und Nutzungsformen. Nachdem anfangs eine vollständige Anpassung an die natürlichen Gegebenheiten in den verschiedenen **Agrarregionen** erfolgte, hat der Mensch im Laufe der Zeit Techniken und Methoden entwickelt, solche natürlichen Gegebenheiten zu überwinden. Zu den landwirtschaftlichen Techniken zählen z. B. Bewässerungsmethoden, Pflanzenzucht oder Geländemodellierungen wie Terrassenbau.

Auch die Grenzen der **Ökumene** – der durch den Menschen nutzbare Raum auf der Welt – hat dieser im Laufe der Menschheitsgeschichte immer weiter in Richtung **Anökumene** zu verschieben versucht. Dies geschah sowohl in horizontaler Richtung in den Bereich der kalten Zonen und der Trockengebiete als auch in vertikaler Hinsicht in größere Höhen der Mittel- und Hochgebirge.

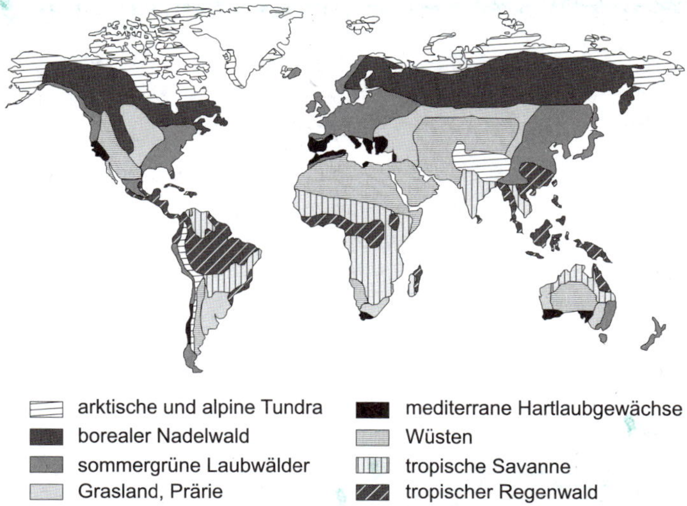

arktische Tundra und alpine Tundra	Eiswüste (Antarktis), Tundren (Flechten, Moose)
borealer Nadelwald	artenarm (Taiga), Fichten, Kiefern, Tannen, Lärchen; Strauchschicht aus Birken, Pappeln, Weiden, Erlen; Torfmoore
sommergrüne Laubwälder	mäßig artenreiche Laub- und Mischwälder, in Küstennähe immergrüne Regenwälder
Grasland, Prärie	entsprechend der Niederschlagsmenge Wald-, Langgras-, Kurzgras- oder Wüstensteppe; salztolerante Pflanzen, Pflanzen mit sehr kurzer Vegetationszeit
subtropische (mediterrane) Hartlaubgewächse	immergrüner, an Trockenheit angepasster Hartlaubwald, küstennah immergrüne Wälder in humiden Gebieten, teilweise Hochgras
Halbwüsten und Wüsten	Sukkulenten; auf Gunststandorte beschränkte Vegetation (Oasen) und Wüstensteppen mit diffuser Vegetation
tropische Savannen (Feucht-, Trocken-, Dornsavanne)	Nebeneinander von Grasland und lichten Waldformationen, Anpassung an saisonale Trockenheit, Schirmwuchs, Sukkulenz
tropischer Regenwald	Artenreiche immergrüne Wälder mit geschlossenem Kronendach, Baumriesen, Stockwerkbau, Lianen, Epiphyten

Die Vegetationszonen der Erde

Ökosysteme und anthropogene Eingriffe

1 Die immerfeuchten Tropen

Die immerfeuchten Tropen (auch „innere Tropen“ genannt) erstrecken sich überwiegend beidseits des Äquators zwischen 10 Grad nördlicher und südlicher Breite.

1.1 Naturpotenzial

Klima

In 10–12 **humiden** Monaten fallen mehr als 1 500 mm Niederschlag bei einer Durchschnittstemperatur von mindestens 25 °C. Während im Jahresgang nur geringe Schwankungen vorliegen, ist die Temperaturamplitude zwischen Tag und Nacht hoch, weswegen man auch von **Tageszeitenklima** spricht. Wegen hoher Luftfeuchtigkeit und Schwüle wird es auch als „Treibhausklima“ bezeichnet.

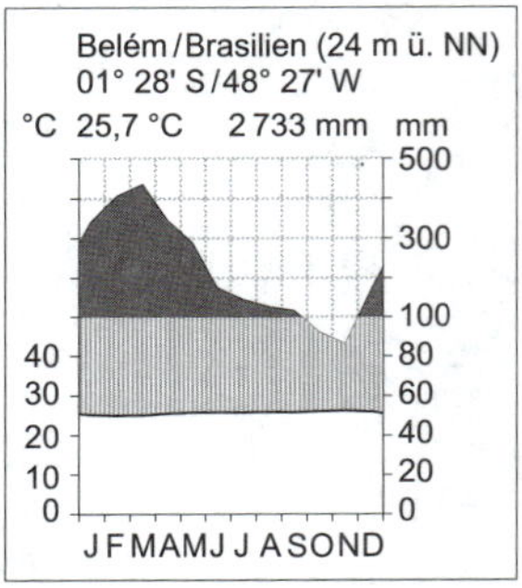

Klimadiagramm Belém

Vegetation

Als Folge dieser klimatischen Gegebenheiten haben sich **tropische Regenwälder** gebildet, die durch Artenreichtum und Wachstumshöhe gekennzeichnet sind. Im sogenannten **Stockwerkbau** folgen auf die geschlossene Strauchschicht (bis 20 m Höhe) zunächst die Baumschicht mit dem Kronendach in ca. 60 m Höhe und darüber die Urwaldriesen mit bis zu 80 m Höhe. Bei nur 8,4 % Anteil an der Festlandsfläche bildet der tropische Regenwald nach dem borealen Nadelwald die größte Waldfläche der Erde.

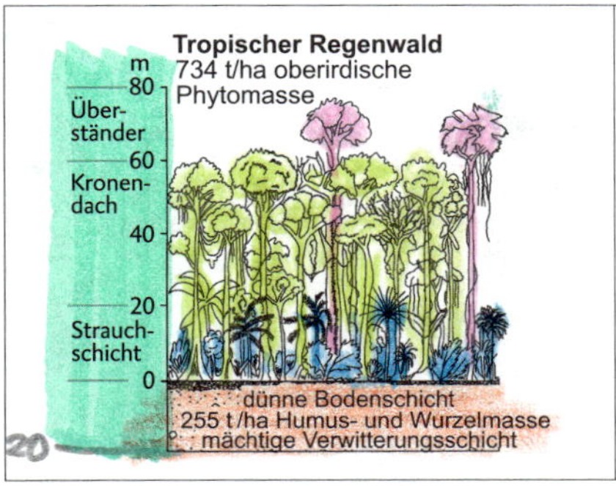

Stockwerkbau im tropischen Regenwald

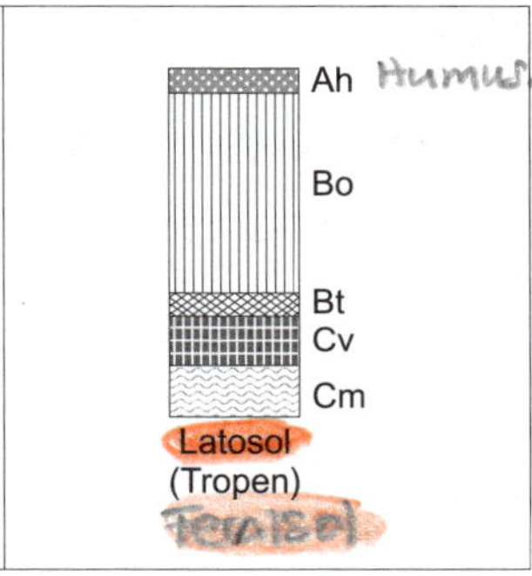

Bodenprofil Latosol

Boden

Wasser und Wärme bedingen eine starke chemische Verwitterung, die einen tiefgründigen, in bis zu 20 m Tiefe reichenden mineralstoffarmen Boden hat entstehen lassen. Dieser rote Boden, als **Latosol** oder **Ferralsol** bezeichnet, weist nur eine dünne Humusschicht (Ah-Horizont) von max. 30 cm Dicke auf und ist sehr nährstoffarm. Das tiefliegende Ausgangsgestein wird selbst von den Wurzeln der größten Bäume nicht erreicht, zudem binden **Zweischichttonmineralien** wie Kaolinit nur in geringem Umfang Mineralien an sich.

1.2 Geschlossener Nährstoffkreislauf

Wegen der schmalen Humusschicht weisen die Regenwaldbäume ein weit verzweigtes, flaches **Wurzelsystem** auf, mit dem die Nährstoffzufuhr gelingt. Im tropischen Regenwald ist der größte Teil der Mineralstoffe in der lebenden Biomasse gebunden. Die umfangreiche abgestorbene Biomasse wird in wenigen Monaten von Kleinstlebewesen und Mikroorganismen vollständig zersetzt, die in ihr enthaltenen Mineralstoffe werden über Wurzelpilze (**Mykorrhizae**) sofort den Pflanzen zugeführt. Fast 99 % aller Nährstoffe gelangen auf diese Weise in einem kurzgeschlossenen Kreislauf in die Biomasse zurück.

1.3 Ursachen und Folgen nicht angepasster Landnutzung

Abholzung tropischer Regenwälder

Nur noch ca. 40 % der tropischen Wälder sind relativ unberührt; in den anderen Bereichen hat der Mensch nach und nach Waldflächen vernichtet, darunter 17 % des ursprünglichen Amazonas-Regenwaldes in Brasilien. Auch in den großen Regenwaldregionen Indonesiens und der Demokrat. Republik Kongo gehen jährlich große Regenwaldflächen verloren. In Indien, Haiti, Nigeria und Vietnam existieren 80 bis 100 % der ursprünglichen Regenwaldflächen nicht mehr.

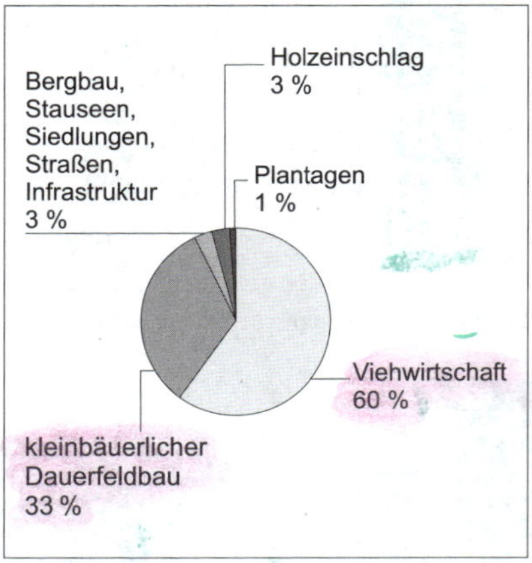

Ursachen der Regenwaldvernichtung im Amazonasgebiet

Angepasste Nutzung

Wegen des geringen Nährstoffgehaltes von Ferrasol hatte sich ursprünglich der **Brandrodungswanderfeldbau (Shifting Cultivation)** als angepasste Nutzungsform entwickelt. Bei dieser externen Landwechselwirtschaft nutzt man die Asche, in der die Biomasse enthalten ist, als Dünger. Nach Rückgang der Bodenfruchtbarkeit lässt man den Boden **durch Brache regenerieren** und Sekundärwälder entstehen, bevor man eine erneute Nutzung beginnt. Als **Subsistenzwirtschaft** war und ist diese Methode geeignet.

Ökologische Folgen einer fehlerhaften Nutzung

- Die Zunahme der Bevölkerung und eine neu ausgerichtete, weltmarktorientierte Landwirtschaft haben zu stärkerer Inanspruchnahme und geänderten Verhältnissen durch **Agrarkolonisation** und zu einer enormen **Belastung des labilen Ökosystems** geführt.

- Weite Regenwaldbereiche wurden durch Großgrundbesitzer und agroindustrielle, meist kapitalstarke ausländische Unternehmen niedergebrannt, um Flächen für **Grasmonokulturen der externen Viehhaltung** zu gewinnen oder um auf **Plantagen** tropische Pflanzen wie Kaffee, Kakao, Kautschuk oder Bananen in **Monokulturen** anzubauen.
- Durch den Bedarf an nachwachsenden **Agrartreibstoffen** (Zuckerrohr, Ölpalmen) ist die Nachfrage nach neuen Flächen weiter gestiegen.
- Irreparable Schädigung großer Regenwaldflächen ist die Folge: Trotz ergriffener Schutzmaßnahmen (z. B. Pflanzen von Baum- und Strauchkulturen) sind die Böden nach spätestens 20 Jahren ausgelaugt. Es müssen neue Flächen gerodet werden, um die Produktion aufrechtzuerhalten.
- Weil bei der Anlage großflächiger Stauseen Wälder z. T. gar nicht gefällt und genutzt wurden, verfaulen diese unter Wasser und setzen giftige Faulschlämme frei.
- In diesem Umfeld gedeihen zudem Erreger und Überträger von **Malaria** und **Bilharziose**.
- Nicht zuletzt sind Beeinträchtigungen des lokalen **Klimas** und des Weltklimas Folgen solcher Störungen des ökologischen Kreislaufs.

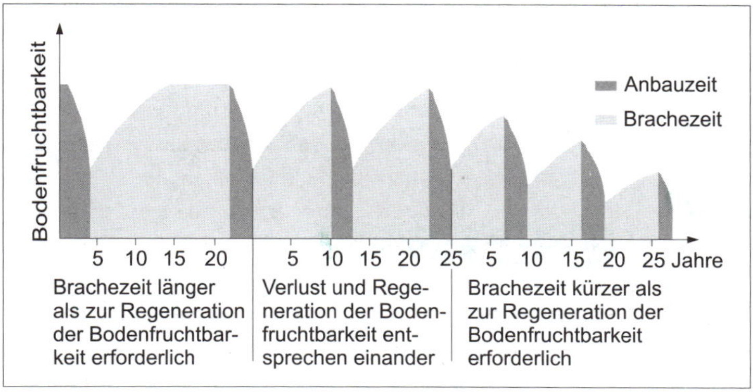

Entwicklung der Ernteerträge bei der Shifting Cultivation

1.4 Maßnahmen zum Schutz der tropischen Regenwälder

- konsequente gesetzgeberische Maßnahmen bezüglich der Flächennutzung
- Sanktionierung von illegalem Holzraubbau
- Ausweisung von Naturschutzzonen
- Ausweisung von Schutzgebieten für Indios, z. B. als Sammlerreservate
- Gewinnung sekundärer Waldprodukte wie Honig oder Arzneimittel
- nachhaltige Waldbewirtschaftung in Form von Ecofarming
- Terrassierung von Feldern in Hanglagen zum Schutz vor Erosion
- Verbesserung der agrarsozialen Situation der heimischen Bevölkerung
- Entwicklung und Verbesserung des Forstmanagements
- globale Zertifizierung von Holz aus ökologisch vertretbarer Forstwirtschaft

Maßnahmen zum Schutz der Regenwälder (Auswahl)

2 Die wechselfeuchten Tropen

Die **wechselfeuchten Tropen** erstrecken sich auf beiden Erdhalbkugeln zwischen dem 10. Breitenkreis und den Wüsten im Bereich der Wendekreise. Sie nehmen ca. 16 % der globalen Landoberfläche ein.

2.1 Naturpotenzial

Klima

Eine starke **Niederschlagsvariabilität** sowie unterschiedlich lange Regen- und Trockenzeiten mit entsprechend unterschiedlichen jährlichen Niederschlagsmengen kennzeichnen die wechselfeuchten Tropen. Hierbei ist der einfache bzw. doppelte Zenitalstand der Sonne im Laufe eines Jahres ausschlaggebend für die Niederschlagsmenge und -verteilung.

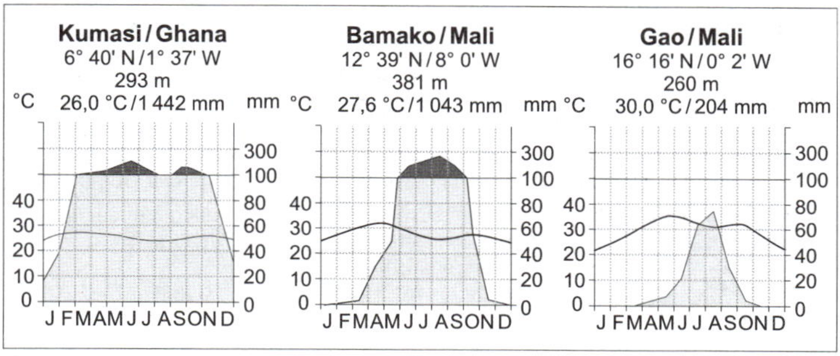

Klimate der wechselfeuchten Tropen

Vegetation und Boden

In Abhängigkeit von der Dauer der Regenzeit(en) ergibt sich eine **breitenkreisparallele Abfolge von Vegetationszonen**. Diese weisen je nach humiden bzw. ariden Monaten einen unterschiedlichen Besatz an Bäumen, Sträuchern und Gräsern auf.

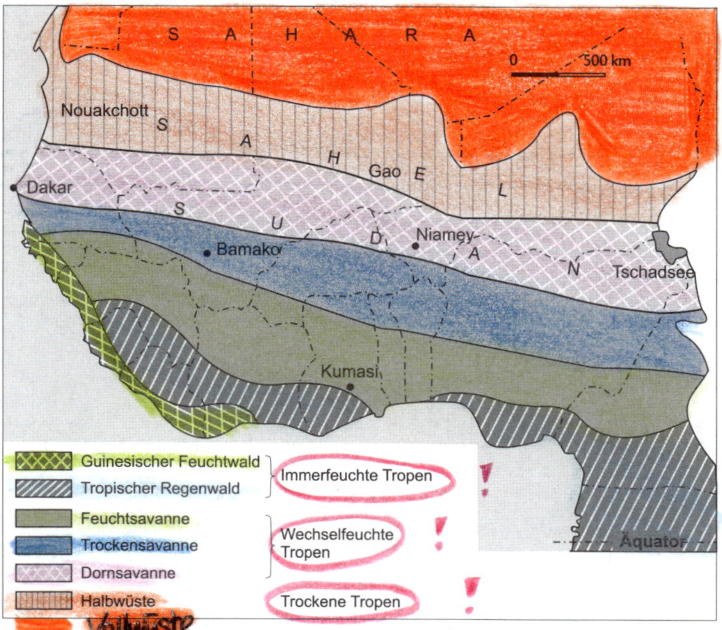

Vegetationszonen in Westafrika

Feuchtsavanne	Trockensavanne	Dornsavanne
• Latosole • rotbraun, nährstoffarm, geringere chemische Verwitterung als in den immerfeuchten Tropen • Erosionsgefahr nach Trockenzeit	• fersiallitische Böden • Bodenwasserstrom in Trockenzeiten nach oben gerichtet = Mineraltransport Richtung Oberboden • Erosionsgefahr bei Starkregen	• steinige, sandige Böden • arm an organischem Material, locker aufliegender Oberboden • stark gefährdet durch Winderosion

Böden der wechselfeuchten Tropen

2.2 Desertifikationsprozesse

Wegen der großen **Niederschlagsvariabilität** (von 300 bis 900 mm je Jahr) treten immer wieder Dürren auf. Die ursprüngliche Nutzungsform der **Nomaden** trug dem Rechnung. Immer stärkere künstliche Bewässerung auch jenseits der **Trockengrenze** führte nach und nach zu Übernutzung und zu **Bodendegradierung**.

Verschwinden des Oberbodens und Ausbreitung wüstenhafter Verhältnisse nennt man **Desertifikation**.

Durch starkes Bevölkerungswachstum in **semiariden Gebieten** und dadurch bedingtes überstarkes Eingreifen in den Naturhaushalt kommt es nach und nach zu Schädigungen an Grundwasser, Böden und Vegetation mit dem Entstehen neuer Wüsten am Ende des Prozesses.

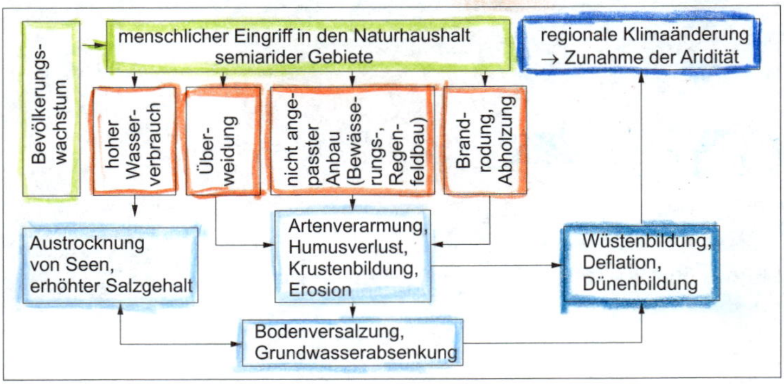

Schema der Desertifikation

2.3 Gliederung der Tropen

Anzahl der ariden Monate	Vegetationszone	Charakteristik
0–3 (vollhumid)	tropischer Regenwald	immergrüner Regenwald
3–5 (semihumid)	Feuchtsavanne	Hochgrassavanne, feuchte Monsunwälder und Feuchtsavannenwälder, teilweise laubabwerfend; Kulturland: Pflanzenbau vorherrschend
bei 5	klimatische Trockengrenze	Niederschlag = Verdunstung
5–7,5	Trockensavanne	Niedergrassavanne, Trockenwald, trockene Monsunwälder, regengrün; Kulturland: Pflanzenbau und Viehwirtschaft
bei 7,5	agronomische Trockengrenze	Grenze des Regenfeldbaus
7,5–10 (semiarid)	Dornsavanne	Dornwald, Dornbusch, z. T. mit Sukkulenten Kulturland: Bewässerungskulturen, sonst extensive Weidewirtschaft
10–11 (arid)	Halbwüste	bis 50 % der Fläche Büschelgras und Busch
11–12 (vollarid)	Vollwüste	Oasenkulturen

Klima und Vegetation

3 Subpolare Zone

Die **subpolare Zone** erstreckt sich auf der Nordhalbkugel zwischen dem 60. und 80. Breitengrad, auf der Südhalbkugel zwischen dem 55. und 70. Breitengrad.

3.1 Naturpotenzial

Klima

- kühle, niederschlagsarme Sommer und kalte, trockene Winter
- große Jahrestemperaturamplitude, Jahreszeitenklima
- Jahrestemperaturdurchschnitt unter 0 °C
- Jahresniederschläge unter 400 mm
- sommerliche Westwinde und winterliche polare Ostwinde

Vegetation und Boden

- polwärts baumlose **Tundra** auf **Gleye**-Böden: Flechten, Moose u. a.
- sonst **boreale Nadelwälder** (**Taiga**) auf **Podsolböden** (saure, nährstoffarme Bleicherde)
- 3–6 Monate Vegetationsperiode
- nur oberflächlich auftauende Böden (Frostschuttboden)
- **Permafrostboden**

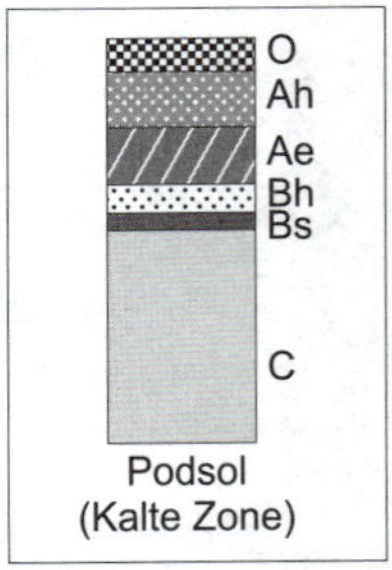

Bodenprofil Podsol

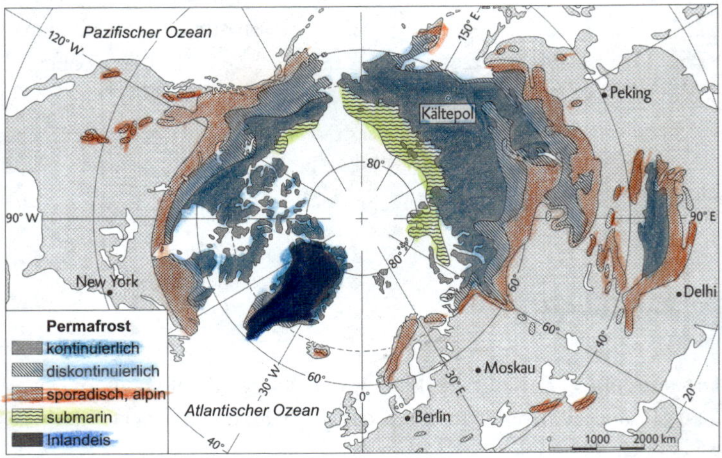

Verbreitung von Permafrostböden

3.2 Wirtschaftliche Nutzung

Aufgrund der natürlichen Gegebenheiten weit jenseits der Anbaugrenze wird **extensive Weidewirtschaft** und **Rentierhaltung** in Form von **Nomadismus** betrieben, daneben Fischfang, Garnelenzucht und Jagd. Die **boreale Nadelwaldzone** weist u. a. große Vorkommen an Torf, Holz, Erz- und Erdölvorkommen auf; deren Förderung und Nutzung geschieht überwiegend nicht nachhaltig.

Beispiel

Die Schafzucht auf der Südhalbkugel gilt als angepasste Nutzung.

3.3 Probleme der Ressourcenerschließung

Die Ressourcen der subpolaren Zone sind nicht leicht zu erschließen; folgende **Probleme** treten z. B. auf:

- starke gesundheitliche Belastungen wegen des extremen Klimas
- hohe Kosten bei Aufbau und Erhalt von Dauersiedlungen
- schwierige Verkehrsanbindung wegen winterlicher Meervereisung
- Bauprobleme und -kosten wegen der Permafrostböden (Stelzenbau)
- hohe Erschließungskosten wegen der riesigen Raumdimensionen
- großer Landschaftsverbrauch durch Erschließungsstraßen
- Boden-Immissionen wegen des Erdöltransportes
- erhöhtes Risiko von Umweltschäden bei veralteten Anlagen
- lange Regenerationszeit geschädigter Ökosysteme

4 Polare Zone

Die **Arktis** erstreckt sich vom Nordpol bis 60 Grad nördlicher Breite bei Labrador bzw. nur bis 72 Grad nördlicher Breite in Nordskandinavien (Golfstrom-Einfluss), die **Antarktis** vom Südpol bis zum 60. südlichen Breitengrad.

Labrador = Insel (halb) in Ost-Kanada

4.1 Naturpotenzial

Polartag und **Polarnacht**, die am Nord- und Südpol jeweils fast ein halbes Jahr andauern bzw. am nördlichen und südlichen **Polarkreis** genau einen Tag, bezeichnen die Zeitdauer, während der die Sonne nicht unter- bzw. nicht aufgeht. An den Polen herrscht ganzjährig ein **Kältehoch**. Im Winterhalbjahr ist der Druckunterschied größer, weshalb die im Sommer nur schwach ausgeprägten **polaren Ostwinde** ihren Einflussbereich Richtung Westwindzone ausdehnen.
Die polare Zone ist eine **Kältewüste** ohne Vegetation bzw. ganzjährig von Eis bedeckt. Dies trifft auch auf das mehr als 4 000 m tiefe Nordpolarmeer der Arktis zu (**Packeis**). Während der kurzen Schneeschmelze können abgebrochene Eisränder und -schollen als **Treibeis** weit nach Süden driften.

4.2 Naturraum der Antarktis

Der Naturraum der Antarktis ist äußerst **fragil** und von folgenden **Merkmalen** gekennzeichnet:

- kältester Kontinent: –55 °C Durchschnittstemperatur
- hohe **Albedo** (Reflexionskraft): Neuschnee 85 %, Eis 55 %
- mit ca. 100 mm sehr geringe Niederschläge in der Zentralantarktis wegen extrem kalter Luft, max. 250 mm in den Randgebieten
- hohe Windgeschwindigkeiten
- 96 % Eiswüste, 3 000 m dicker Eispanzer
- Gletschermassen bis an die Küste, 100–200 m dickes Schelfeis
- nährstoffreiches Wasser mit einzigartiger Flora und Fauna
- **Ressourcenreichtum**, u. a. Erdöl-, Erdgas-, Kohle-, Erz-, Gold-, Silber-, Platin-, Uranvorkommen und Fischreichtum; Abbau von Bodenschätzen gilt wegen der extremen klimatischen Bedingungen als unwirtschaftlich

Antarktische Konvergenz wird ein mariner Grenzsaum genannt, in dem kühle zirkumpolare Wassermassen (4 °C Durchschnittstemperatur) auf wärmeres atlantisches und pazifisches Oberflächenwasser (7–8 °C Durchschnittstemperatur) treffen *(vgl. Abb. S. 25)*.

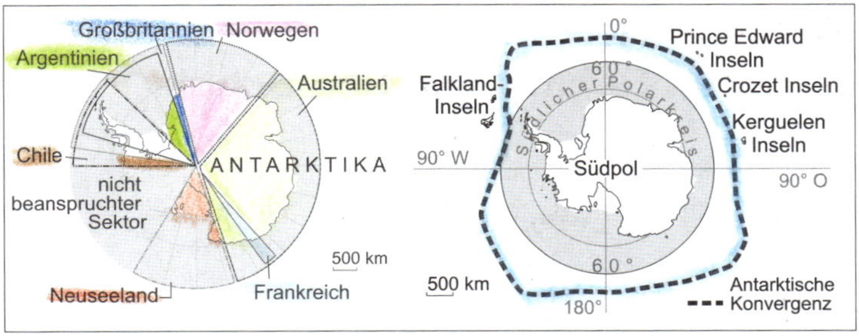

Abgrenzung und Gebietsansprüche in der Antarktis

4.3 Raumerschließung und -nutzung in der Antarktis

Bei der Erschließung der Antarktis treten folgende Probleme auf:

- Territorialansprüche verschiedener Staaten *(s. Abb. oben)*
- große **ökologische Fragilität** wg. geringer terrestrischer Biomassenproduktion, geringem Pflanzenwachstum und Artenarmut
- extrem **nährstoffarme Frostmusterböden** ohne Bodenhorizonte
- artenarme terrestrische Fauna
- **Wind-Chill-Effekte**: schneller Wärmeverlust beim Menschen
- Unwegsamkeit, u. a. wegen der Eisberge; Lawinengefahr
- Überflutungen bei sommerlicher Schneeschmelze in Randgebieten
- Wasserbereitstellung und -entsorgung, v. a. im Winter

4.4 Antarktisverträge und Schutzvereinbarungen

1961	Antarktisvertrag: friedliche Nutzung der Antarktis; in der Folge fast jährlich stattfindende Tagungen zur Verbesserung der internationalen wissenschaftlichen Kooperation
1964	Maßnahmenkatalog zum Schutz der Tier- und Pflanzenwelt
1982	Limitierung der Fangmengen von Krill
1991	Verlängerung des Antarktisvertrages bis 2041; Verbot des Abbaus von Rohstoffen, Antarktis = Naturreservat
1994	21 Mio. km^2 großes Walschutzgebiet für 50 Jahre definiert
1998	Genehmigungsvorbehalt für alle deutschen Aktivitäten in der Antarktis durch Umweltbundesamt

Antarktisverträge und Schutzvereinbarungen

Ressourcen – Nutzung, Gefährdung und Schutz

1 Wasser als Lebensgrundlage

1.1 Vorkommen und Verfügbarkeit

70 % der Erdoberfläche sind von geschlossenen Wasserflächen bedeckt, 97,5 % des globalen Wassers bestehen aus Salzwasser. Von den für den Menschen wichtigen 2,5 % **Frisch- und Süßwasser** sind fast drei Viertel in Polkappen, Gletschern und Grundwasser gebunden – lediglich 0,3 % sind mehr oder weniger frei zugänglich, z. B. in Flüssen und Seen.

Aufgrund der unterschiedlichen klimatischen Verhältnisse verteilt sich das Süßwasserangebot auf der Erde sehr unterschiedlich:

- **Regionen mit Wasserüberschuss**: tropische Regenwälder, Westküsten der Kontinente in den Gemäßigten Breiten, Sommermonsungebiete in China, Indien und dem Osten der USA
- **Regionen mit Wasserdefizit**: Great Plains/USA, Orient, Zentralasien, große Teile Australiens

1.2 Wassergewinnung und -verbrauch

In der Hauptsache wird das benötigte Süßwasser aus **Niederschlägen, Oberflächenabfluss** und **Grundwasserzufluss** gewonnen; Entsalzungsanlagen in **Wasserarmutsgebieten** mindern punktuell vorhandene Wasserversorgungsprobleme.

Aufgrund der wachsenden Weltbevölkerung und der regional unterschiedlichen Wasserverfügbarkeit stellt die Versorgung aller Menschen mit Süßwasser eine der Hauptaufgaben in der Zukunft dar, da die verfügbare Wassermenge pro Person und Jahr sinken wird:

- Seit 1930 hat sich der Weltwasserverbrauch versechsfacht.
- 70 % werden in der Landwirtschaft benötigt (Bewässerung), bei wachsender Weltbevölkerung steigt der Wasserbedarf weiter an.
- Die Industrialisierung rückständiger Staaten, die Globalisierung und die Steigerung des Lebensstandards erhöhen den künftigen Wasserverbrauch ebenfalls.

1.3 Wasserkreisläufe

Wasser befindet sich in einem **permanenten Zirkulationsprozess** in festem, flüssigem und gasförmigem Zustand. Sonnenenergie und Gewichtskraft halten diesen Kreislauf in Bewegung. Durch Verdunstung, Kondensation, Schmelzen und Gefrieren ändert das Wasser im globalen Wasserkreislauf mehrfach seinen **Aggregatzustand**.

Schwerkraft

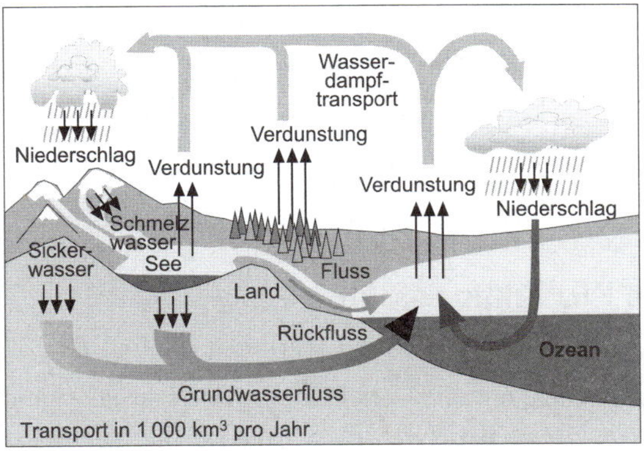

Globaler Wasserkreislauf

1.4 Eingriffe in den natürlichen Wasserhaushalt

Eingriffe in den natürlichen Wasserkreislauf durch den Menschen erfolgen auf unterschiedliche Weise, nicht immer beabsichtigt, aber meist mit schwerwiegenden, langanhaltenden und oft irreparablen Folgen *(siehe Tab. S. 28)*.

Eingriffe	Mögliche Folgen
Einleitung ungeklärter Industrie- und Haushaltsabwässer	Verschmutzung und Vergiftung, pflanzliches und tierisches Artensterben, Verschmutzung der Küstengewässer und Zerstörung der Fischbrut
Einleitung von Nitraten und Phosphaten (Massentierhaltung und Düngung) sowie Pestiziden	Verunreinigung von Oberflächengewässern und Grundwasser
Freisetzung von Luftschadstoffen (private Haushalte, Verkehr und Industrie)	Beeinträchtigung des Grund- und Oberflächenwassers in Form von „saurem Regen“
flussbauliche Maßnahmen: Begradigungen, Abflussregulierungen und Rückhaltebauten	Veränderung des natürlichen Abflussverhaltens und der Verdunstungsraten, Zunahme der Fließgeschwindigkeiten, Abwandern von Fischarten
übermäßige Nutzung von Grundwasservorräten	absinkender Grundwasserspiegel, Erdsenkungen, Veränderung der Druckverhältnisse und Einbruch von Salzwasser in küstennahe Grundwasserkörper
Verbrauch fossilen Grundwassers	Aufbrauch und fehlende Regenerierung
Rodung für die Ausweitung landwirtschaftlicher Flächen	sinkende Fähigkeit der Vegetation, Wasser zu speichern; erhöhter Oberflächenabfluss; Erosion

Eingriffe in den Wasserkreislauf und mögliche Folgen

2 Wasser als Produktionsfaktor

Landwirtschaft, Industrie, Energiewirtschaft sowie Haushalte und Kommunen benötigen **Brauchwasser** – seit 1900 ist die Nachfrage nach Wasser von ca. 600 km^3/Jahr auf mehr als das Zehnfache gestiegen. Die Landwirtschaft benötigt hiervon ca. 70 %.

2.1 Formen der Bewässerungslandwirtschaft

Bei der künstlichen Bewässerung wird Wasser aus oberirdischen Gewässern (Flüssen, Seen), gespeichertem Wasser (Stauseen, Zisternen), Grundwasser oder **fossilem Grundwasser** (Aquifere) entnommen.

Vor allem in den **ariden Tropen** und in den **Subtropen** wird Wasser benötigt, um jahreszeitliche Schwankungen von Niederschlägen und Flusswasserständen oder Wassermangel durch **künstliche Bewässerung** auszugleichen. Ungefähr 20 % der weltweiten Acker- und Dauerkulturflächen werden künstlich bewässert.

Vorteile

- Steigerung der Flächenerträge, z. T. mehrere Ernten pro Jahr
- Dauerfeldbau statt saisonaler Anbau
- Anbaumöglichkeit von Kulturpflanzen mit hohem Wasserbedarf
- Wegfall von Missernten in Dürrejahren
- Verbesserung der Existenzgrundlage von Kleinbauern

	Oberflächenbewässerung	Beregnung	Tröpfchenbewässerung
Verdunstungsverluste	hoch	hoch	gering
Versickerungsverluste	mittel	gering	gering
Wassernutzungseffizienz	40–50 %	60–70 %	80–90 %
Versalzungsgefahr	gering	hoch	gering
Installationskosten	gering	hoch	hoch

Bewässerungsmethoden im Vergleich

Beispiel

Israel konnte binnen 30 Jahren durch die Perfektionierung der Tröpfchenbewässerung den Wasserbedarf in der Landwirtschaft um 95 % senken.

2.2 Industrielles Brauchwasser

Bei der industriellen Produktion werden große Mengen Wasser, u. a. als **Antrieb für Arbeitsmaschinen** oder zur **Kühlung**, benötigt. Für viele Industriebetriebe wurden deshalb Standorte an Flüssen gewählt; dies gilt auch für Atomkraftwerke.

Beispiel

In trockenen Sommern kann es in Ländern wie Frankreich, die stark auf Kernenergie setzen, wegen des niedrigen Wasserstandes der Flüsse zu Abschaltungen von Atomkraftwerken und damit zu Strommangel kommen.

2.3 Hydroenergie

Der in **Laufwasser-, Speicher-** oder **Meerwasserkraftwerken** erzeugte Strom aus Hydroenergie macht weltweit inzwischen 18 % aus. Aluminiumhütten mit immensem Strombedarf weisen aus Kostengründen Standorte in der Nähe der Hydroenergie auf.

Beispiel

In Staaten mit großflächigen und hohen Gebirgen, d. h. mit günstigem Relief, steht Stromgewinnung aus Hydroenergie an erster Stelle: Norwegen 80 %, Schweiz ca. 60 %, Österreich ca. 50 %. In Deutschland sind es erst 3,4 % (2013).

Vorteile	Nachteile
erneuerbare Energieform in großem Maßstab	hoher Landschaftsverbrauch bei der Anlage von Stauseen und Wehranlagen
Vermeidung von klimarelevanten Treibhausgasen	Eingriffe in das natürliche Ökosystem der Flüsse und Beeinträchtigung von Natur und Landschaft
Flussregulierung und Hochwasserschutz, Verbesserung der Schiffbarkeit von Flüssen durch gleichbleibenden Wasserstand	Versandung der Stauseen durch Flusssedimente. Gefahr von Überschwemmungen nach Dammbruch, Verhinderung der natürlichen Überschwemmungen von Uferregionen zur Bewässerung und Bodenregeneration

Vor- und Nachteile der Nutzung von Wasserkraft

2.4 Negative Folgen und Nutzungskonflikte

Die **Ressource Wasser** wird in einer Welt, in der Bevölkerung und Wirtschaft wachsen, immer stärker nachgefragt. Starke Inanspruchnahme und ungleiche Verteilung des Vorkommens führen immer häufiger zu negativen Folgeerscheinungen und **Konflikten**.

Nutzungskonflikte

- **soziale Konflikte** wegen Erhöhung des Trinkwasserpreises oder ungerechter Verteilung des Wassers in Mangelgebieten
- **ökologische Konflikte** wegen großflächiger Überflutungen beim Staudammbau (z. B. im tropischen Regenwald Brasiliens), bei Verlandungen von Seen wegen Übernutzung (z. B. des Aralsees in Kasachstan/Usbekistan) oder bei Wasserüberleitungsprojekten (z. B. am Ebro in Spanien)
- **ökonomische Konflikte** zwischen heimischer Landwirtschaft und Industrie sowie übergroßem Wasserverbrauch des saisonalen Tourismus (z. B. Swimmingpools, Golfplätze, Klimaanlagen)

Beispiel

In Spanien liegt der Wassertagesverbrauch im Sommer pro Tourist bei 800 Liter.

Folgen fehlerhafter Bewässerung

- Versalzung
- Verschlämmung
- Vernässung
- Versauerung
- Bodendegradierung
- Absinken des Grundwasserspiegels
- unterirdisches Eindringen von Meerwasser in das Grundwasser

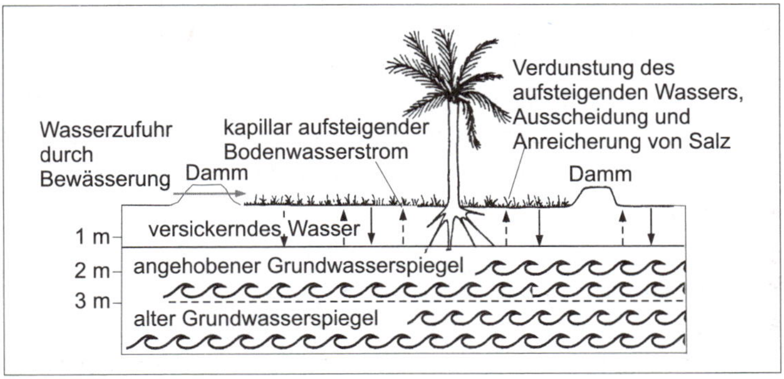

Bodenversalzung durch Bewässerung

3 Flüsse als Lebensadern

3.1 Nutzung als Entwicklungsachsen

Flüsse und Täler waren jahrhundertelang aus verkehrstechnischen Gründen und wegen der Wasserversorgung Leitlinien und **Entwicklungsachsen**. Hier bildeten sich Siedlungen, Gewerbe- und Industriestandorte, hier wurde intensive Landwirtschaft betrieben.

Der Rhein als Nutzungs- und Entwicklungsachse

3.2 Eingriffe in Fluss-Systeme

Unterschiedliche Wasserführung im Laufe eines Jahres (Schneeschmelze, sommerliche Trockenheit) ließ bis ins 19. Jh. Flüsse regelmäßig über die Ufer treten. Folgen der **Hochwasser** waren Überflutungen, Gefährdung von Siedlungs- und Lebensräumen und sich ändernde Wasserläufe. Da man in Flussnähe sicher leben und die unterschiedlichen Nutzungsansprüche befriedigen wollte, begann man seit dem 19. Jh. nach und nach mit **Flussregulierungen**:

- Begradigungen der Flussläufe
- Uferbefestigungen
- Trockenlegung von Sumpfflächen
- Anlage von Staustufen und Schleusen bis hin zur Kanalisierung von Flussabschnitten wegen der auf einen Mindestwasserstand angewiesenen Flussschifffahrt

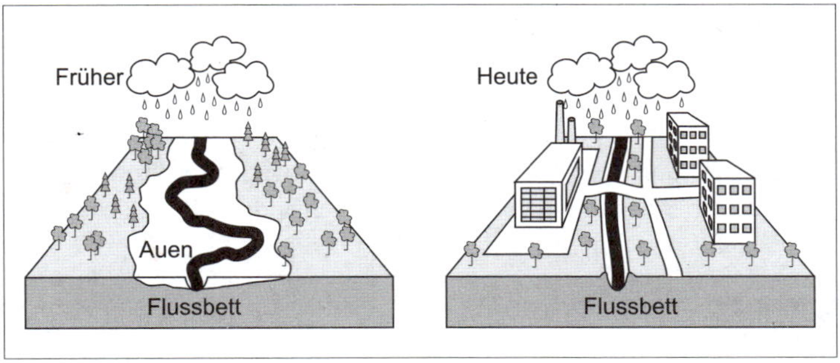

Veränderungen in Flussauen

Negative ökologische Folgen

- Verlust an Überschwemmungsflächen
- Absinken des Grundwasserspiegels
- größere Fließgeschwindigkeit
- schnellere Hochwasserwellen mit größeren Abflussspitzen
- Deichbrüche und z. T. sehr starke vom Menschen verursachte Überschwemmungen in früher kaum betroffenen Flussbereichen
- Verlust der Selbstreinigungskraft wegen Gewässerüberlastungen
- Abnahme der Gewässergüte wegen Düngemittel- und Schadstoffeinleitungen („Umkippen" von Gewässern)

Gewässergüteklasse: Belastungszustand von Fließgewässern

Beispiel

Überschwemmungskatastrophen traten zuletzt am Rhein 1999 und 2007 auf, an der Donau 1999, 2011 und 2013 sowie an der Elbe 2002 und 2013.

Gegenmaßnahmen

- Untersagung von Baugenehmigungen in Talbereichen
- Anlage von Poldern und Rückhaltebecken : Wasserspeicher
- Ausweisung von Auenflächen als Naturschutzgebiete Flächen neben Fluss
- Ausweisung von Obergrenzen für direkte Schadstoffeinleitungen
- Bau moderner Kläranlagen und Kanalisationsnetze
- Renaturierung von Bächen und Flüssen

Wiederherstellung der Natur / Lebensräume

3.3 Staudammprojekte seit der zweiten Hälfte des 20. Jh.

China (45 %), die USA (14 %), Indien (9 %), Japan (6 %) und Spanien (3 %) weisen drei Viertel der ca. 45 000 auf der Welt vorhandenen Staudämme auf; der Großteil liegt in **Entwicklungsländern**. Die Ziele dieser Staudammprojekte gleichen einander, sie beziehen sich weitestgehend auf die wirtschaftliche Weiterentwicklung.

Beispiel

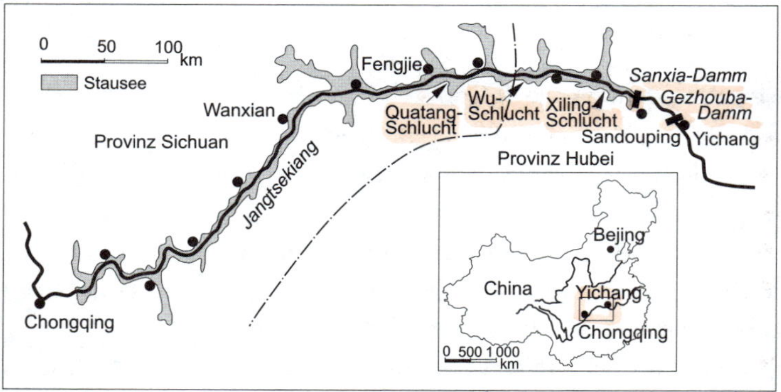

Drei-Schluchten-Staudamm in China 2300 m breit, 600 km lang, 185 m hoch

Erwartungen an den Drei-Schluchten-Staudamm

- Erzeugung von elektrischer Energie !
- Schaffen einer Grundlage für die Industrialisierung
- Verbesserung der Schiffbarkeit des Jangtsekiang, Anlage neuer Häfen
- Bereitstellen von Wasser für Bewässerung in der Landwirtschaft
- Schaffung von Arbeitsplätzen
- Hauptgrund: Hochwasserschutz und Flutkontrolle !
- Wasserüberleitung in Chinas trockenen Norden

Risiken und negative Folgen des Drei-Schluchten-Staudamms

- Aufnahme hoher Kredite für die enormen Baukosten
- Verschuldung, fehlende Geldmittel für andere Projekte
- ! Vertreibung und Zwangsumsiedlung, z. T. ohne Entschädigung

- Gefährdung des ökologischen Gleichgewichtes des Flusses
- allmählicher Rückgang des Speichervolumens durch Ablagerung von Sedimenten und Treibsand
- Verschlechterung der Wasserqualität des stehenden Gewässers
- Verlust von Bewässerungsflächen unterhalb des Staudamms wegen Wegfalls von Wasser für den Überflutungsfeldbau
- Rückgang der Fischbestände wegen Reduzierung von Sauerstoff- und Nährstoffgehalt
- mögliche Zunahme von Erdbebenrisiken wegen des Gewichts der riesigen Wassermassen (zusätzlicher Druck auf die Erdkruste in erdbebengefährdeten Gebieten)

4 Mineralische Rohstoffe und ihre Bedeutung

4.1 Verbreitung, Verfügbarkeit und Nutzung

Der Abbau mineralischer Rohstoffe („**Bodenschätze**" an der Erdoberfläche, auf dem Meeresboden oder in der Erdkruste) lohnt sich nur in **Lagerstätten**. In diesen kommen Rohstoffe in hoher Konzentration vor, das heißt, sie weisen einen hohen Anteil an der Masse der äußeren Erdkruste auf.

metallische Rohstoffe	Erze (Eisenerz, Buntmetalle u. a.)
nicht-metallische Rohstoffe	Steine und Erden, Salze, Schmucksteine (Edel-, Halbedelsteine)
Energierohstoffe	Kohle, Erdöl, Erdgas

Rohstoffarten

Plattentektonische Vorgänge waren der Grund für das Entstehen der meisten Rohstofflagerstätten zu unterschiedlichen geologischen Zeitpunkten.

Beispiel

Im Tertiär entstanden die Kupferlagerstätten in den Anden bei der Kollision der Nazca-Platte und der Amerikanischen Platte.

Verfügbarkeit

Die **statistische Reichweite** eines Rohstoffes besagt, wie lange er zukünftig verfügbar sein wird. Hierüber entscheiden folgende Faktoren:

- Menge des Vorkommens
- jährliche Fördermenge
- Exploration neuer Lagerstätten mithilfe moderner Techniken
- Recycling-Umfang

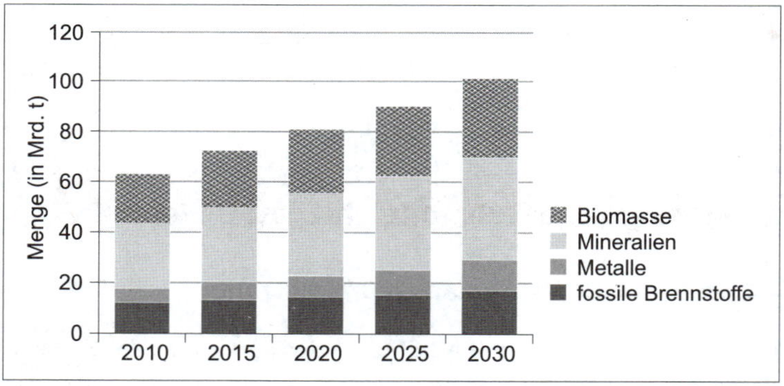

Globale Ressourcenentnahme bis 2030

Nutzung

Ressourcen sind diejenigen Mengen eines Rohstoffes, die nachgewiesen sind, deren Förderung aus wirtschaftlichen oder technischen Gründen jedoch noch nicht möglich ist.
Reserven nennt man die Rohstoffmengen, die bereits wirtschaftlich gewonnen werden können.

Mineralische Rohstoffe besitzen bei der industriellen Produktion eine große Bedeutung. Erst seit es mithilfe wissenschaftlicher Erkenntnisse und des technologischen Fortschritts gelungen ist, sie umfangreich zu fördern und aufzubereiten, können sie vielfältiger genutzt werden.

Beispiel

Seit dem Mittelalter wurde Eisen mithilfe von Holzkohle aus **Eisenerz** erschmolzen. Die **Hochofentechnik** und die Verwendung von Steinkohle ermöglichten seit der Industrialisierung die Erzeugung hochwertiger und bruchsicherer Stähle und, durch Zuschlag von Stahlveredlern wie Chrom, Mangan oder Nickel, von Edelstählen. Gegenwärtig wird häufig beim **Elektrostahlverfahren** Stahlschrott statt Eisenerz als Grundstoff der Stahlproduktion benutzt (Deutschland 2012: 33 %).

4.2 Geopolitische Aspekte

Die verschiedenen mineralischen Rohstoffe kommen auf der Erde sehr unterschiedlich vor. Je nach Bedeutung für Produktionsprozesse und Energiewirtschaft können durch monopolähnliche Situationen bei einzelnen Mineralrohstoffen Marktdominanz, Preisdiktate sowie ökonomische und politische Abhängigkeiten entstehen.

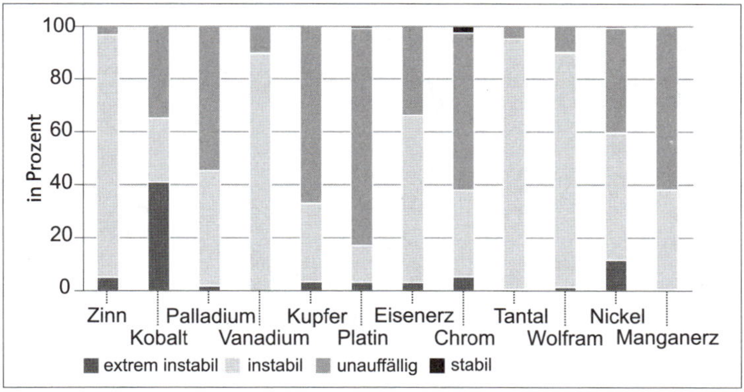

Politische Stabilität der Förderländer ausgewählter Mineralrohstoffe

5 Weltenergie – Probleme und Perspektiven

5.1 Fossile Energierohstoffe

Torf, Braunkohle, Steinkohle, Erdöl und Erdgas zählen zu den sogenannten **fossilen Brennstoffen**. Sie kommen in Lagerstätten vor und stammen aus der Biomasse früherer geologischer Zeitalter.

Energierohstoff	Bedeutung
Erdöl	Verkehr (Benzin), Wärmeerzeugung
Erdgas	Elektrizitäts-, Wärmeerzeugung
Steinkohle	Elektrizitätserzeugung, chemische Grundstoffe
Braunkohle	Elektrizitätserzeugung
Torf	Brennstoff, Blumenerde, Moorbäder

Energierohstoffe und ihre Bedeutung

Das Verhältnis von Reserven zu Ressourcen unterliegt Veränderungen. So haben neue, „nicht-konventionelle“ Fördermethoden wie das **Fracking** z. B. die Reserven beim Erdöl in den letzten zehn Jahren ansteigen lassen.

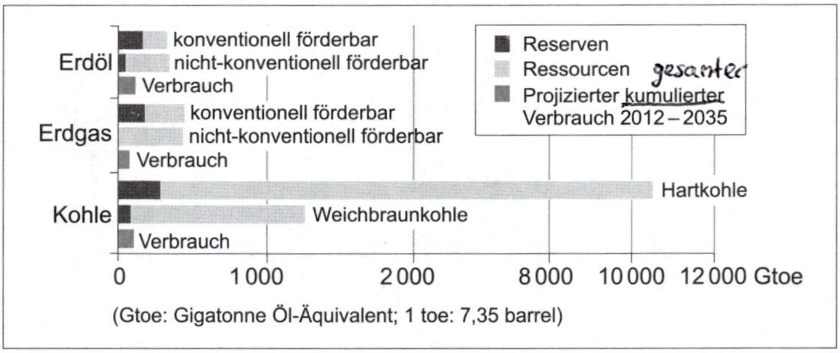

Verfügbarkeit und Verbrauch fossiler Energierohstoffe

Beispiel

Mit einem Anteil von ca. einem Drittel am Primärenergieverbrauch ist **Erdöl** der wichtigste Energieträger. Der Großteil der Erdölvorräte konzentriert sich auf wenige Regionen, v. a. um den Persischen Golf. Da das Maximum der weltweiten Erdölförderung bereits für 2030 prognostiziert wurde, geht die Suche und Erschließung neuer **Onshore-** und **Offshore-Felder** auch in schwierigen Förderregionen wie Alaska oder der Tiefsee weiter. Während die Nachfrage in China und in Schwellenländern im 21. Jh. gestiegen ist, ging sie in den Industriestaaten wegen Energiesparmaßnahmen und Effizienzsteigerungen beim Verbrauch (z. B. kraftstoffsparende Motoren) leicht zurück.

5.2 Ökologische Risiken

Der Abbau **fossiler Rohstoffe** birgt folgende ökologische Risiken:

- Bei der Verbrennung v. a. von Kohle, aber auch von Erdöl und Erdgas freigesetztes $\mathbf{CO_2}$ verstärkt als **Treibhausgas** die Erwärmung der Erdatmosphäre.
- **Transport von Erdöl** über weite Strecken per Schiff, Eisenbahn oder Tanklastwagen stellt ein Sicherheitsrisiko dar; es besteht die Gefahr des Eintrags in die Erde oder der Verschmutzung von Meeren, Flüssen und Küsten.
- Der Abbau von **Kohle in Tiefzechen** führt zu Störungen im Wasserhaushalt, zu Bergsenkungen und zu Beeinträchtigungen des Grundwasserspiegels.
- Der Abbau von **Kohle im Tagebau** bedingt massive Eingriffe in die Oberflächenstruktur und in die ökologischen Kreisläufe.

5.3 Europäisches Pipelinenetz

Der Ausbau eines verzweigten großflächigen kontinentalen Pipelinenetzes bringt Vor- und Nachteile in wirtschaftlicher, geopolitischer und ökologischer Hinsicht mit sich:

Wirtschaftliche Aspekte	Geopolitische Aspekte	Ökologische Aspekte
• sichere Versorgung der EU-Mitgliedstaaten mit Energie bei steigendem Energiebedarf • größere Preisstabilität bei Energierohstoffen • Durchleitungsgebühren für Transitländer erhöhen Bezugspreis	• Abhängigkeit von Zustimmung der beteiligten Anrainerstaaten (Transitländer) bezüglich Trassenführung • Verhinderung einer zu starken Abhängigkeit von nur einem einzigen Gas- oder Öllieferanten • ein weit verzweigtes Netz bietet die Möglichkeit, regionale Krisengebiete zu umgehen	• Flächeninanspruchnahme durch Landleitungen • Beeinträchtigung der Meeresflora- und -fauna bei untermeerischem Verlauf • Risiko der Schadstoffemission, z. B. bei Öltankerunglücken

Aspekte beim Ausbau eines kontinentalen Pipelinenetzes

6 Substitution von Rohstoffen

Die stetig ansteigende Nachfrage nach Rohstoffen unterschiedlicher Art droht in einigen Fällen zu Verknappung zu führen. In anderen Fällen waren bereits bis zur Gegenwart z. T. deutliche Preissteigerungen die Folge. Daher kommt der **Substitution** (dem Ersatz) von Rohstoffen eine immer größere Bedeutung zu.

6.1 Recycling

Beim **Recycling** gewinnt man Rohstoffe für einen weiteren Produktionsvorgang aus Altmaterialien/Abfällen und führt diese einem weiteren Produktionsprozess zu. Papier, Kartonagen, Pappe, Glas, Kunststoffe, Eisen und Nichteisenmetalle eignen sich hierfür besonders.

Da beim Recyclingprozess von Kunststoff, Glas und Eisen ein Qualitätsverlust entsteht (**Downcycling**), ist eine direkte Wiederverwendung von Stoffen und Gegenständen die noch bessere Variante.

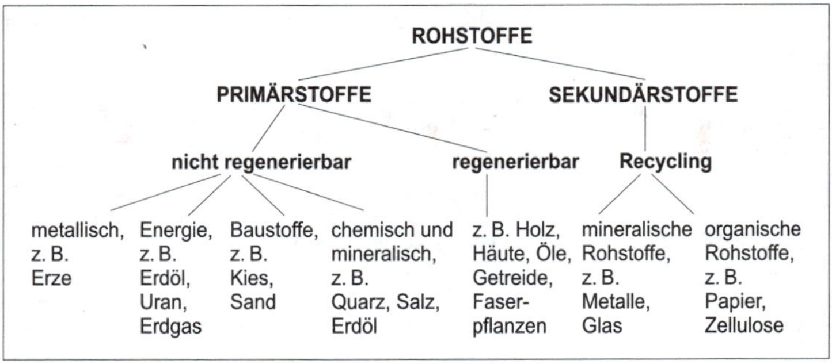

Rohstoffarten

Recycling-Ziele

- Abfallvermeidung
- Ressourcenersparnis durch Wiederverwendung
- stoffliche und energetische Verwertung
- Reduktion von zu deponierendem Abfall

6.2 Erneuerbare Energien

Erneuerbare (auch **regenerative**) **Energien** bilden sich in etwa in dem Zeitraum neu, in dem sie verbraucht werden; sie stehen dem Menschen also dauerhaft zur Verfügung. Hinsichtlich Energietransport und -speicherung bedarf es weiterer Entwicklungen, um ihren Anteil (2000: 6,6 %, 2013: 23,4 %) am **Energiemix** zu steigern.

Ressourcen	Nutzung
Solarenergie	solarenergetische Anlagen: Fotovoltaik-Technik ermöglicht Umwandlung in direkte Energie; solarthermische Anlagen; Solarturmkraftwerke; Bioenergie aus Biomasse oder Energiepflanzen; solararchitektonische Bauweise (viel Glas)
Windenergie	Windenergieanlagen (Onshore- und Offshore-Parks)
Geothermie	Erdwärme-Anlagen und -Kraftwerke
Schwerkraft	Gefälle: Wasserkraftwerk (Fluss, Gebirge)
Erdrotation	Gezeitenwirkung: Wasserkraftwerk

Erneuerbare Energien

6.3 Nachwachsende Rohstoffe

Nachwachsende Rohstoffe sind pflanzliche und tierische Rohstoffe, die sich stetig erneuern und ausschließlich der stofflichen oder energetischen Nutzung dienen.

Ressourcen	Nutzung
Holz	Baumaterial, Grundstoff für chemische Industrie
Naturfasern	Baumaterial, Stoffherstellung, chemische Industrie
Mais, Raps, Zuckerrohr, Sojaöl, Palmöl	Biokraftstoff, Grundstoff für chemische Industrie

Nachwachsende Rohstoffe

Probleme

- monokultureller Anbau führt zu ökologischen Schäden.
- Anbauflächen für Nahrungsmittel gehen verloren.
- Nahrungsmittelpreise steigen in vielen Entwicklungsländern.
- Kleinbauern werden vertrieben (Gefahr des **Landgrabbing**).

Folgen menschlichen Verhaltens in Risikogebieten

1 Die Alpen – eine ökologisch labile Bergregion

1.1 Naturräumliches Potenzial

Folgende **Oberflächenformen** des ca. 1 000 km von West nach Ost verlaufenden Alpenteils des euroasiatischen Hochgebirgsgürtels sind zu unterscheiden:

- Nördliche Voralpen (Mittelgebirgs-Charakter)
- Nördliche und Südliche Kalkalpen (schroffe Formen)
- Zentralalpen (massive Gebirgsstöcke, hohe Reliefenergie)

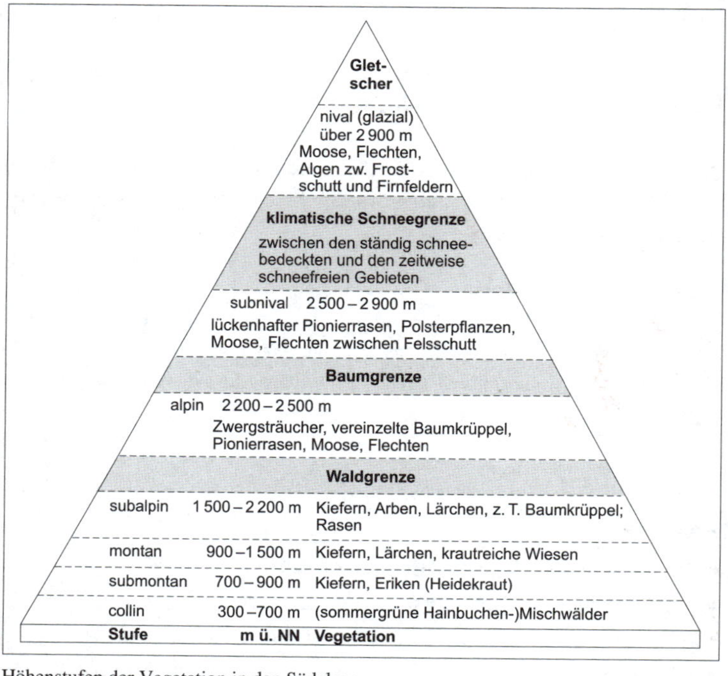

Höhenstufen der Vegetation in den Südalpen

Klima

- Höhenstufen des Klimas (durch das Relief bedingt)
- hohe Niederschläge, v. a. bei Steigungsregen auf der Luvseite
- Föhn-Effekte auf der Leeseite
- lange Schneebedeckung im Winter, Gletscherbildung

1.2 Anthropogene Nutzung und Schutz der Bergwelt

Nutzung	Gefährdung
Metallabbau	Verkehrswegebau: Flächenverbrauch, Hangabtrag
Holzeinschlag	Bodenabtrag, Erosionsgefahr
Landwirtschaft	Rodungen: Bodenverdichtung, Gefahr von Muren
Tourismus (v. a. im Winter)	„Retorten-Orte": Flächenverbrauch, -versiegelung, Bodenverdichtung: Störung ökologischer Kreisläufe, Waldrodung: Verlust des Schutzes vor Lawinen
Transitgebiet	Schadstoffemissionen: u. a. Waldschäden

Anthropogene Nutzung und Gefährdung

Beispiel

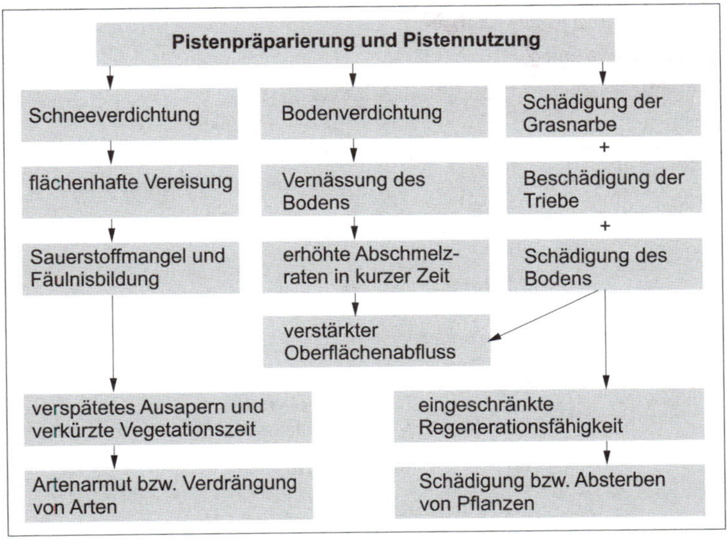

Negative Einflüsse des Wintersports in den Alpen

Schutz der Bergwelt

- Alpenkonvention 2008: ganzheitliche Raumordnungspolitik
- „Sanfter Tourismus“ als Gegenbewegung zum Massentourismus
- Ausweisung von Schutzgebieten bzw. Nutzungsregionen
- gesetzliche Maßnahmen gegen schädigendes Verhalten
- Renaturierungsmaßnahmen, z. B. Aufforstungen, Hangsicherung, Lawinenschutzbauten
- regionale und lokale Verkehrspolitik, z. B. Umweltauflagen für Lkws, Förderung des ÖPNV, Bau des neuen Brennerbasistunnels

2 Erdbeben, Tsunami, Vulkanismus – Regionen mit großem Gefährdungspotenzial

2.1 Endogene Ursachen

Die Auslöser von Erdbeben, Tsunamis und Vulkanismus liegen im Erdinneren (**endogene Ursachen**):

- Schalenaufbau der Erde
- Plattentektonik
- Konvektionsströme und Plattenrandkräfte

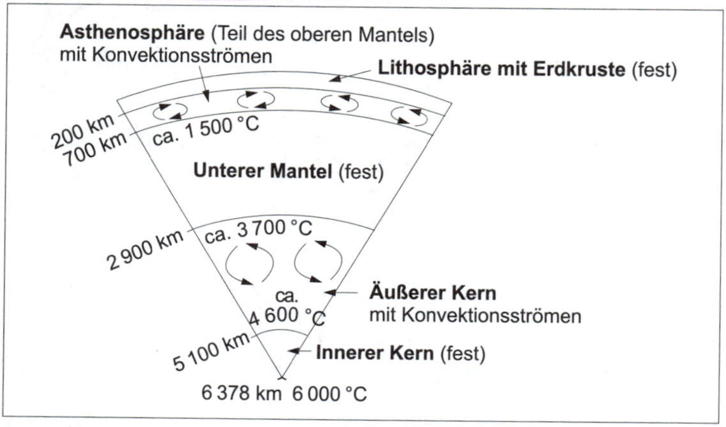

Aufbau der Erde

Etwa 90 % der **Erdbeben** entstehen, wenn zwei Erdplatten sich aufeinander zu-, voneinander weg- oder aneinander vorbeibewegen und dabei Spannungen auslösen (**tektonische Beben**). Solche Plattenbewegungen können auch **Seebeben** und damit **Tsunamis** auslösen. Durch solche Beben ausgelöste Wellen pflanzen sich je nach Stärke vom **Epizentrum** als Oberflächen- oder Raumwellen fort. Jährlich werden bis zu 10 000 Beben registriert, die meisten sind schwach.

Die **Vulkane** mit der stärksten Zerstörungskraft liegen an den **Subduktionszonen** (Absenkungs- und Abtauchzonen von Erdplatten), vor allem im „**Ring of Fire**" um den Pazifischen Ozean. **Supervulkane** wie der unter dem Yellowstone-Nationalpark in den USA würden bei Ausbruch Wetter und Klima dramatisch beeinflussen.

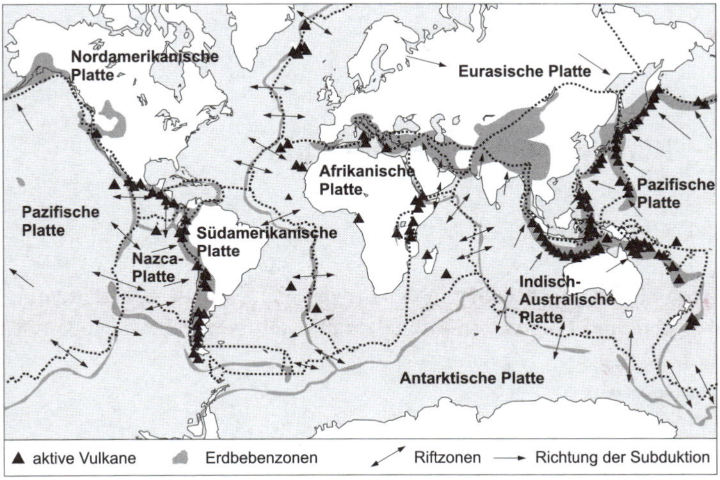

Regionen mit großem Vulkanismus- und Erdbebenrisiko

2.2 Schutzmaßnahmen

Länder mit einem hohen Gefährdungspotenzial reagieren mit speziellen **raumplanerischen Maßnahmen**. Sie weisen Gefahren- und Schutzzonen in Flächennutzungs- und Planungskarten sowie Flucht- und Auffangregionen aus und machen z. B. spezielle Standortvorgaben für Kernkraftwerke.

Weitere Maßnahmen

- detaillierte Forschung, z. B. Überwachung von Vulkanen
- Risikoanalysen: Vorhersage zur Wahrscheinlichkeit des Auftretens und zur Stärke, zu Zeitpunkt und Region, zu Ablauf und Schäden
- Computersimulationen
- Vorbeugende Maßnahmen, fußend auf Risikoanalysen: technische Einrichtungen, z. B. Frühwarnsysteme
- spezielle Bauvorschriften in Risikogebieten
- lokale, regionale und nationale Katastrophenschutzstrukturen
- Entwurf kartographischer Skizzen für das Katastrophenmanagement
- regelmäßige Katastrophenschutzübungen für die Bevölkerung, um das Bewusstsein zu schärfen
- Entwicklung von Notfallplänen

3 Klimawandel und Klimaschutz

3.1 Klimawandel

Klimaänderungen haben in der Erdgeschichte wiederholt stattgefunden und sind Folgen von Orbitalvariationen (Kreiselbewegungen der Erdachse).

Beispiel

Pleistozäne Vereisung.

Klimaschwankungen sind kurzzeitige Veränderungen des Klimas, die meist nur Teilregionen der Erde betreffen.

Beispiel

Schwankungen im Holozän mit Gletschervorstößen und -rückzügen.

Rezenter Klimawandel bedeutet die sowohl durch natürliche als auch durch den Menschen verursachte Klimaänderung der Gegenwart.

Anthropogener Anteil am Klimawandel

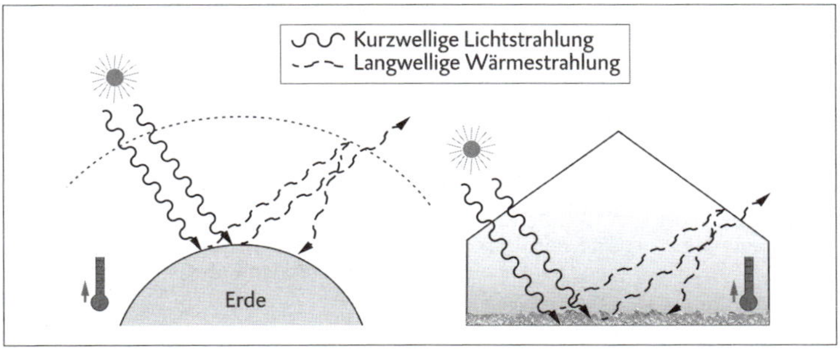

Der Treibhauseffekt

Treibhausgase	anthropogene Ursachen	Anteil am zusätzlichen Treibhauseffekt
Kohlendioxid CO_2	Verbrennung fossiler Energieträger, Brandrodung	60 %
Methan CH_4	Reisfelder, Viehzucht (Rindermägen), Mülldeponien	20 %
Distickstoffoxid N_2O	Düngung, Verbrennung fossiler Energieträger	6 %
Ozon O_3	Verkehr	14 %
Fluorchlorkohlenwasserstoff (FCKW)	Treibmittel, Kühlmittel	

Treibhausgase und deren anthropogene Ursachen

Beispiel

Die Freisetzung von **FCKW** (Fluorchlorkohlenwasserstoffe) in die Atmosphäre ist eine der Hauptursachen für den Abbau der Ozonschicht (in der Stratosphäre). Deswegen wurde FCKW in vielen Anwendungsbereichen inzwischen verboten.

Folgeerscheinungen der globalen Erwärmung

- mehr extreme Klimaereignisse
- mehr Infektionskrankheiten
- Gletscherschmelze
- weniger landwirtschaftliche Ressourcen
- weniger biologische Vielfalt
- weniger Wasservorräte

Beispiele

Polarregionen	Rückgang der arktischen Eiskappe, Folgen für die Fischgründe
Europa	Gletscherschmelze, mehr Regen im Norden, Trockenheit im Süden, Auswirkungen auf den Wintersporttourismus
Asien	Abwanderung von Millionen von Menschen aufgrund des steigenden Meeresspiegels, gefährdete Ökosysteme: Mangrovenwälder, Korallenriffe
Nordamerika	sinkende Wasserspiegel in den Großen Seen, Beeinträchtigung der Landwirtschaft in den großen Ebenen, gefährdete Ökosysteme: Moore, Tundren
Südamerika	Überschwemmungen, tropische Wirbelstürme, gefährdete Ökosysteme: Mangrovenwälder
Afrika	Verwüstung, Hungersnöte, Gefahr von Überschwemmungen und Erosionen in Küstengebieten, geringere Chancen auf Entwicklung
Australien	Dürre, gefährdete Ökosysteme: Korallenriffe, australische Bergmassive

Folgen des Klimawandels in den verschiedenen Regionen der Erde

3.2 Maßnahmen zum Klimaschutz

Klimaschutz: Maßnahmen gegen die anthropogen bedingte globale Erderwärmung und ihre Folgen.

Folgende **Klimaschutzmaßnahmen** können u. a. ergriffen werden:

- Verringerung von Treibhausgas-Emissionen
- Erhaltung von CO_2-Senken
- Klimarahmenkonvention (Kyoto-Protokoll) 1997: Festsetzung von Maximalwerten für den Treibhausgasausstoß
- Umstieg auf CO_2-arme erneuerbare Energien
- Steigerung der Energieeffizienz, u. a. durch neue Antriebstechniken
- Schutzmaßnahmen für Waldregionen, u. a. den tropischen Regenwald
- Reduktion des Individualverkehrs, stärkere Nutzung des ÖPNV
- Verwendung alternativer Treibstoffe wie Biodiesel
- verpflichtende Zertifizierung energiesparender Geräte
- Energieeinsparungen in Kommunen und privaten Haushalten
- Änderung des persönlichen Konsumverhaltens

Eine Welt

1 Merkmale und Ursachen unterschiedlicher Entwicklung

1.1 Indikatoren zur Differenzierung von Staaten

Heute wird der Entwicklungsstand von Ländern und Ländergruppen nicht mehr allein anhand von ökonomischen Kriterien wie dem BNE/Einwohner oder BIP/Einwohner (in US-$) verglichen. Man berücksichtigt vielmehr:

- **ökonomische Indikatoren**:
  z. B. Bruttoinlandsprodukt (BIP), Bruttonationaleinkommen (BNE), Kaufkraftparität (KKP), Gini-Koeffizient (Aussagen zu innerstaatlichen Disparitäten), Verschuldungsquote
- **demographische Indikatoren**:
  z. B. Altersaufbau, Kindersterblichkeit, Verstädterungsgrad, Index of Primacy
- **soziale Indikatoren**:
  z. B. Lebenserwartung, medizinische Versorgung, schulische und berufliche Bildung, soziale Situation der Frau
- **ökologische Indikatoren**:
  z. B. Umgang mit natürlichen Ressourcen, Beachtung von Ressourcengrenzen bzw. Übernutzung
- **politische Indikatoren**:
  z. B. Regierungsform, Good Governance, Achtung der Menschenrechte, Verfolgung und Vertreibung

Für einen grundsätzlichen vereinfachten Vergleich nimmt man gegenwärtig den **Human Development Index (HDI)**; seit 2011 fließen folgende Werte in seine Berechnung ein:

- BNE pro Kopf (Indikator für Lebensstandard)
- Lebenserwartung bei der Geburt (Indikator für Gesundheit)
- Dauer schulischer Bildung (Indikator für Bildung)

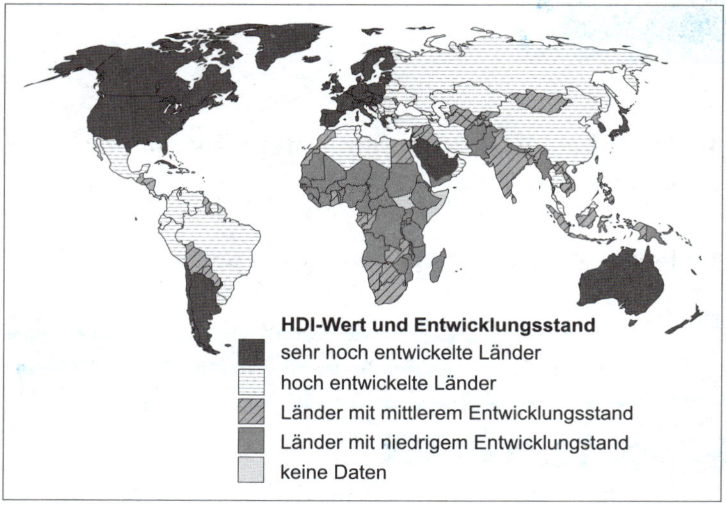

Human Development Index (HDI), Stand 2013

1.2 Abgrenzung von Staatengruppen

Die Entwicklungsländer werden nicht mehr als „Dritte Welt", sondern als **Less Developed Countries (LDC)** bezeichnet. Diese können weiter untergliedert werden. Weltbank und Internationaler Währungsfonds (IWF) weisen beispielsweise 20 sogenannte **Schwellenländer** aus (Newly Industrializing Countries), die wirtschaftlich den Übergang zum Industriestaat fast vollzogen haben.

Beispiele

Kategorie	Merkmale	Beispiele
Newly Industrializing Countries (Schwellenländer)	hohes Wirtschaftswachstum, hohe Arbeitsproduktivität, niedriges Lohnniveau, Exportorientierung	Südkorea, Brasilien, Mexiko, Südafrika, Thailand, Indien, Malaysia, Taiwan, Singapur
Least Developed Countries („Vierte Welt")	extrem niedriges Pro-Kopf-Einkommen, geringe Bedeutung des II. Sektors, hohe Analphabetenrate	Angola, Benin, Lesotho, Mali, Niger, Togo, Jemen, Haiti, Kambodscha, Laos

Landlocked Countries	ohne Zugang zum Meer, Verteuerung der Importe und Exporte	Bolivien, Nepal, Niger
Small Island Developing States	ebenfalls hohe Transportkosten, Gefährdung durch Anstieg des Meeresspiegels	Malediven, Fidschi-Inseln, Mauritius
Failed States	mit zerbrechlicher oder bereits zusammengebrochener Staatlichkeit, oft fehlende Daten	DR Kongo, Liberia, Somalia, Irak, Pakistan
Newly Declining Countries	Teilgruppe der Transformationsstaaten der ehemaligen Zweiten Welt mit ähnlichen Strukturproblemen wie viele Entwicklungsländer	Albanien, Armenien, Georgien, Kasachstan, Turkmenistan, Usbekistan
Ölländer (OPEC-Staaten)	profitieren wirtschaftlich stark vom Anstieg des Ölpreises, hohes Pro-Kopf-Einkommen, Schwächen bei sozialen Indikatoren	Saudi-Arabien, Iran, Irak, weitere Golfstaaten
Emerging Markets	neue dynamische Märkte in Schwellenländern, interessant für ausländische Kapitalanleger	China, Indien, Indonesien, Brasilien, Mexiko, Russland, Türkei; weitere asiatische Länder

Binnendifferenzierung von Entwicklungsländern

2 Entwicklungstheorien und -strategien

2.1 Theorien von Entwicklung

Warum sich die Staaten der Erde unterschiedlich entwickeln, konnte bisher keine einzige Theorie hinreichend erklären. Folgende Theorien werden unterschieden:

Geodeterministische Theorie

- nachteilige naturgeographische Faktoren, z. B. Klima, Böden
- labiles Ökosystem, z. B. Staaten mit großem Regenwaldanteil
- Armut an Bodenschätzen
- ungünstige Binnenlage mit verkehrsmäßiger Ungunst

Dependenztheorie

- historisch gewachsene Abhängigkeit (Dependenz)
- Ausbeutung als Kolonie durch europäische Kolonialmächte
- Neokapitalismus: Abhängigkeit von Kapital und Einfluss transnationaler Konzerne

Modernisierungs- oder Wachstumstheorie

- ungünstige sozioökonomische und politische Strukturen, u. a. traditionelle Gesellschaftsordnungen (z. B. Kasten in Indien)
- statische Wirtschaftsformen wie Subsistenzwirtschaft
- Religion: fatalistische Grundeinstellung verhindert Initiativen

Theorie des wirtschaftlichen Dualismus

- zeitliches und räumliches Nebeneinander wirtschaftlicher Strukturen, z. B. Subsistenz neben Cashcrop-Produktion auf Plantagen oder Marginalsiedlungen neben modernen Stadtvierteln

Rostow hat die idealtypische Abfolge von Entwicklungsphasen von der Agrargesellschaft bis zur postindustriellen Dienstleistungsgesellschaft in einem **Modell** festgehalten:

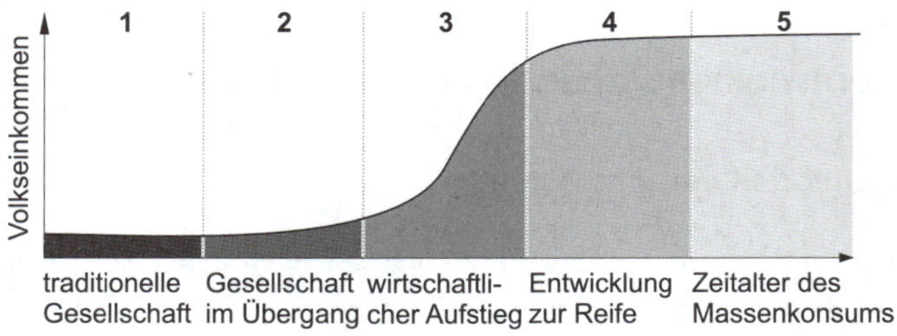

Phase 1: agrarische Prägung der Gesellschaft; moderne Wissenschaft und Technik fehlen; hierarchische Sozialstruktur; geringe Mobilität

Phase 2: neue Produktionsmethoden in Landwirtschaft und Industrie verändern Gesellschaft (Westeuropa 17./18. Jh.)

Phase 3: neue Industrien, Nachfrage nach industriellen Gütern und Dienstleistungen steigt, hohe Gewinne = höhere Investitionsrate

Phase 4: Industrialisierung erfasst gesamte Gesellschaft, hohes Produktionsvolumen, hohe Gewinne, noch höhere (Re-)Investitionen

Phase 5: Grundbedürfnisse aller sind befriedigt, Nachfrage nach hochwertigen Gütern steigt, hoher Motorisierungsgrad = Wohlfahrtsstaaten

Stadien der wirtschaftlichen Entwicklung nach Walt Whitman Rostow (1960)

2.2 Strategien der Entwicklung

Grundbedürfnisstrategie

Im Rahmen eines Selbsthilfekonzeptes (**Hilfe zur Selbsthilfe**) werden durch Nutzung lokaler und regionaler Ressourcen zur Befriedigung der Grundbedürfnisse Arbeitsplätze geschaffen.

Wachstumsstrategie

Mithilfe eines externen Wachstumsimpulses (**Big Push**), meist durch Ausländische Direktinvestitionen (**ADI**), soll nach diesem auf der Modernisierungstheorie fußenden Ansatz die Entwicklung in Gang gesetzt werden und danach weitgehend selbstständig weitergehen. Diese Strategie des ungleichgewichtigen Wachstums führt zur gewollten wirtschaftlichen Polarisierung.

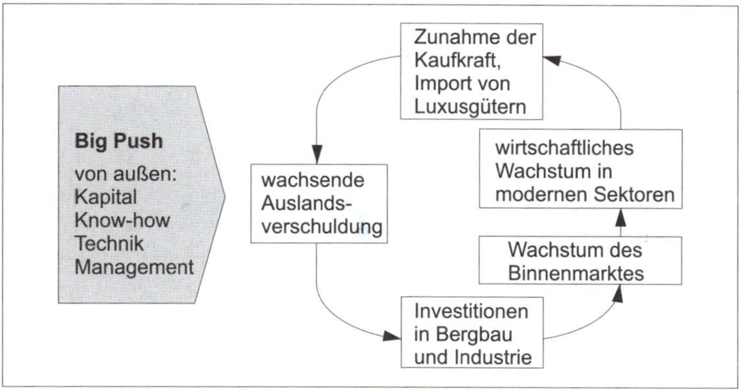

Wachstum und Entwicklung durch Modernisierung

Wirtschafts- bzw. **Wachstumspole** sind regionale oder sektorale Ansatzpunkte, von denen aus Impulse auf die benachbarten Regionen ausstreuen (**Spread-Effekte** und **Trickle-down-Effekte**). Bei dieser dezentralen Konzentration stützt man sich auf Leitindustrien, die in einer zweiten Phase weitere Industriezweige und Branchen nach sich ziehen. Höheres Durchschnittseinkommen der Bevölkerung und steigende Nachfrage nach Konsumgütern sollen nach und nach den Konsum steigern und alle Bevölkerungsgruppen und Regionen erfassen.

Autozentrische Entwicklung

Hier wird die heimische Wirtschaft für eine gewisse Zeit vom Weltmarkt abgekoppelt, damit in Ruhe die heimische Wirtschaft entwickelt werden kann. Die „Feminisierung der Armut“ wird bekämpft und Frauen werden an **Good Governance** beteiligt.

Nachholende Industrialisierung/Modernisierung

Das Ziel ist eine Entwicklung vom bloßen Rohstoffexporteur zum Industrie-/Schwellenland. Erreicht werden soll die dritte Rostow-Phase *(siehe Abb. S. 52)*, die „Start-off-Gesellschaft“.

Strategie der Armutsbekämpfung

Eine Bestandsaufnahme der UN 1997 ergab Folgendes:

- Mehr als eine Million Menschen muss mit weniger als einem US-$ pro Tag auskommen.
- Mehr als 700 Millionen Menschen hungern und sind unterernährt.
- Mehr als 115 Millionen Kinder sind Analphabeten.
- Mehr als eine Milliarde Menschen haben keinen Zugang zu sauberem Trinkwasser.

Die Staats- und Regierungschefs von 189 Staaten vereinbarten im Jahr 2000 acht **Entwicklungsziele**, die die globalen Herausforderungen am Anfang des 21. Jh. zum Inhalt haben: weltweite Disparitäten, die es zu beseitigen gilt. Die Vereinten Nationen überwachen die Umsetzung und legen Jahr für Jahr eine Bilanz vor.

1	Beseitigung der extremen Armut und des Hungers
2	Verwirklichung der allgemeinen Primärschulbildung
3	Förderung der Gleichstellung der Geschlechter
4	Senkung der Kindersterblichkeit
5	Verbesserung der Gesundheit von Müttern
6	Bekämpfung von HIV/Aids, Malaria und anderen Krankheiten
7	Sicherung der ökologischen Nachhaltigkeit
8	Aufbau einer weltweiten Entwicklungspartnerschaft

Die Millenniums-Entwicklungsziele

Die Zwischenberichte ergaben, dass der Großteil der Ziele bis 2015 nicht vollständig erreicht werden wird. Deshalb soll in einer Agenda 2015 eine Fortsetzung formuliert werden, die das Ziel hat, gerechte Zustände auf der ganzen Welt zu schaffen.

Beispiel

In **Afrika südlich der Sahara** werden fast alle Ziele verfehlt werden. Erfolge gibt es lediglich bei der Grundschulbildung für Mädchen und bei der Eindämmung von HIV/Aids (Stand: 2013).

2.3 Entwicklungshilfe/Entwicklungszusammenarbeit

Seit Beginn des 21. Jh. hat sich weltweit die Entwicklungspolitik geändert: Statt auf Hilfe von außen wird nun stärker auf Ressourcen und Kompetenzen der Empfängerländer von Unterstützung gesetzt.

Entwicklungshilfe gewährt externe Hilfe in Form von Kapital, technischem Support oder Handelserleichterungen sowie personeller Unterstützung; Ziel ist die wirtschaftliche und soziale Verbesserung der Lebensverhältnisse.

Entwicklungszusammenarbeit gewährt staatliche (öffentliche) Unterstützung im Rahmen partnerschaftlicher Zusammenarbeit bei Gleichberechtigung von Geber- und Nehmerländern. Neben wirtschaftlicher Entwicklung sind Demokratie, Rechtsstaatlichkeit, Good Governance sowie Schonung von Ressourcen und Umwelt die Ziele.

Beispiel

Nichtregierungsorganisationen (**NGOs**) wie Misereor, politische Stiftungen der im Bundestag vertretenen Parteien sowie private Organisationen wie „Ärzte ohne Grenzen“ leisten Entwicklungshilfe.
Für die Konzeptionierung der Entwicklungszusammenarbeit ist in Deutschland das Bundesministerium für Entwicklung und Zusammenarbeit (**BMZ**) verantwortlich.

Bevölkerungsentwicklung

1 Globale und regionale Bevölkerungsverteilung

1.1 Entwicklung der Weltbevölkerung

Seit Beginn der Industrialisierung verringerte sich v. a. in den entwickelten Staaten, z. B. in denen Europas, die Abhängigkeit von den natürlichen Gegebenheiten aufgrund folgender **Fortschritte**:

- neue **Methoden** in der Landwirtschaft, z. B. Kunstdünger, Pflanzenzucht, Fruchtwechselwirtschaft
- Einsatz **technischer Hilfsmittel** zur Ertragssteigerung, z. B. Traktoren, mechanischer Pflug, Erntemaschinen
- bessere **medizinische Versorgung**, z. B. Impfschutz

Zunahme der Weltbevölkerung

Die Weltbevölkerung nahm immer schneller zu: Dauerte die Verdoppelung von einer Milliarde auf zwei Milliarden noch 120 Jahre (1804–1927), so betrug der Zuwachs von sechs auf sieben Milliarden nur knapp 13 Jahre (1999–2011). Derzeit leben ca. **7,2 Milliarden Menschen** auf der Erde, jährlich kommen ca. 82 Millionen hinzu.

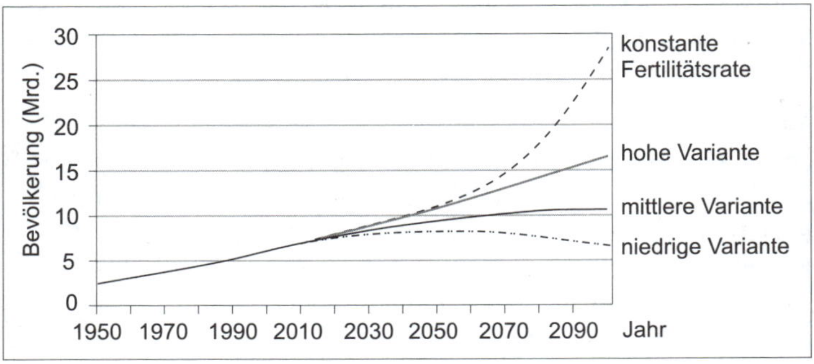

Weltbevölkerung 1950–2100: Prognose-Varianten

1.2 Regionale Bevölkerungsverteilung

Die Weltbevölkerung ist ungleich über die verschiedenen Kontinente und Staaten verteilt. Hauptausschlaggebend sind die Bedingungen für die Landwirtschaft (Temperatur, Niederschlagsmenge, Bodenfruchtbarkeit). Diese bedingen die **potenzielle regionale Nahrungsmittelversorgung** und die Tragfähigkeit eines Raumes.

Mit **Tragfähigkeit** bezeichnet man die maximale Anzahl von Menschen in einem bestimmten Raum/einer Region im Hinblick auf die agrarischen, natürlichen oder gesamtwirtschaftlichen Grundlagen.

Jahr	Asien	Afrika	Europa	Lateinamerika	Nordamerika	Ozeanien
1950	55,42	8,89	21,73	6,64	6,81	0,51
1975	58,80	10,21	16,58	7,92	5,98	0,52
2000	60,40	13,35	11,97	8,59	5,18	0,51
2013	60,03	15,51	10,36	8,61	4,96	0,53
2025	59,81	17,01	8,95	8,81	4,91	0,52
2050	57,48	21,34	7,20	8,63	4,83	0,52

Regionale Verteilung der Weltbevölkerung (in %)

2 Bevölkerungsentwicklung in Ländern unterschiedlichen Entwicklungsstandes

2.1 Bevölkerungsaufbau und demographischer Wandel

Alterspyramiden (auch Bevölkerungspyramiden oder Bevölkerungsdiagramme) bilden die Anteile der Altersgruppen an der Gesamtbevölkerung und damit auch die jeweiligen Entwicklungsphasen ab:

- Kinder und Jugendliche (0–14 Jahre)
- Personen im erwerbsfähigen Alter (15–65 Jahre)
- Senioren (älter als 65 Jahre)

Pagodenform
Die Flanken sind konkav durchgebogen als Folge einer hohen Geburtenrate und einer geringen Lebenserwartung.

Dreiecksform
Die Geburtenrate und die altersspezifische Sterberate sind über einen längeren Zeitraum konstant hoch.

Tropfenform
Abrupter Geburtenrückgang infolge veränderten generativen Verhaltens oder durch Maßnahmen der Bevölkerungsplanung.

Bienenkorbform
Geburten- und Sterberate sind ausgeglichen; die Bevölkerungszahl stagniert.

Urnenform
Die Sterberate ist höher als die Geburtenrate; die Bevölkerung schrumpft.

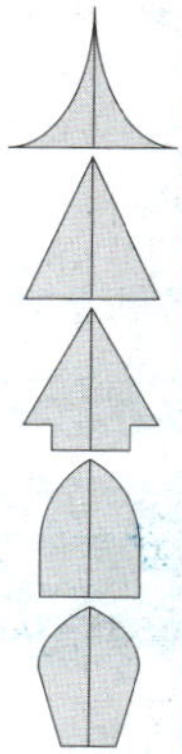

Formen von Alterspyramiden

Beispiel

Die Bevölkerungssituation Deutschlands wurde im Jahr 1910 noch durch die Dreiecksform abgebildet. Heute trifft die Bienenkorbform zu und im Jahr 2030 voraussichtlich die Urnenform.

Demographischer Wandel
Nach 1945 ging in allen Industriestaaten die **Fertilitätsrate** (Zahlenverhältnis der Lebendgeborenen zu Frauen) zurück, das **durchschnittliche Heiratsalter** stieg, ebenso das Alter bei der Geburt des ersten Kindes und die **Überalterung** der Gesellschaft begann.

2.2 Das Modell des demographischen Übergangs

Demographische Transformation bedeutet die unterschiedliche Entwicklung von Geburten- und Sterberaten im Zuge der allgemeinen Entwicklung auf der Welt, veranschaulicht im Modell des **demographischen Übergangs**.

Das Modell stellt die Beobachtungen zur Sterblichkeit und Fruchtbarkeit in Europa während der letzten beiden Jahrhunderte dar; der Entwicklungsverlauf wird in **fünf Phasen** unterteilt:

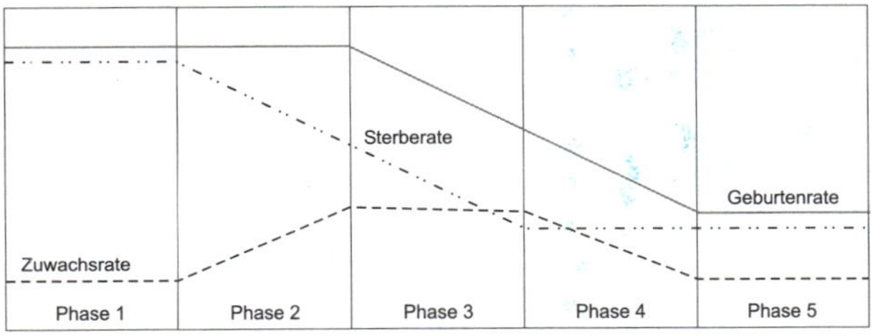

1. Prätransformative Phase (Phase der Vorbereitung)	mit hohen, nahe beieinanderliegenden Geburten- und Sterbeziffern sowie geringem Bevölkerungswachstum
2. Frühtransformative Phase (Phase der Einleitung)	mit deutlich fallenden Sterberaten bei weitgehend konstanten Geburtenraten und damit steigendem Bevölkerungswachstum
3. Mitteltransformative Phase (Phase des Umschwungs)	mit weiterem Sterblichkeitsrückgang und einsetzendem Geburtenrückgang sowie daraus folgend weiterhin hohem Bevölkerungswachstum
4. Spättransformative Phase (Phase des Einlenkens)	mit raschem Abfall des Geburtenniveaus, nur noch leicht abnehmender Sterblichkeit und sinkendem Bevölkerungswachstum
5. Posttransformative Phase (Phase des Ausklingens)	mit niedrigen Geburten- und Sterberaten sowie geringem Bevölkerungswachstum

Modell des demographischen Übergangs

Demographische Transformation in den Entwicklungsländern

In den **Entwicklungsländern** setzte der Prozess der demographischen Transformation aufgrund andersartiger wirtschaftlicher Entwicklungen erst ca. 200 Jahre später ein als in den Industrieländern. Die hohe Geburtenrate fällt langsam, die Sterberate vergleichsweise schnell, sodass es zur Bevölkerungsexplosion kommt.

2.3 Bevölkerungspolitik

Politik, Stadt- und Raumplanung reagieren in Industrie- und Entwicklungsländern unterschiedlich auf die demographischen Herausforderungen.

Industrieländer	Ziel: mehr Geburten	• Sozialprogramme (z. B. Elterngeld) • Anerkennung von Erziehungszeiten bei der Rentenberechnung
Entwicklungsländer	Ziel: weniger Geburten	• Belohnungssysteme für geringe Kinderzahl • Aufklärungskampagnen • kostenlose Verteilung von Verhütungsmitteln • Veränderung traditioneller Wertvorstellungen • Emanzipation der Frauen

Maßnahmen zur Bevölkerungspolitik

Beispiele

In einigen **Staaten Nordeuropas** und in **Frankreich** ist die durchschnittliche Kinderzahl pro Frau gestiegen.
Die Ein-Kind-Politik in **China** wird mittelfristig sogar zu einer Überalterung der Gesellschaft führen.

3 Weltweiter Migrationsprozess

3.1 Ursachen und Folgen von Migration

Die Motive für regionale (Binnen-) und grenzüberschreitende (Außen-) **Bevölkerungswanderungen** mit der Folge dauerhafter Veränderung des Wohnstandortes können freiwillige oder erzwungene sein. In jedem Fall ist Migration ein **Indikator für regionale Disparitäten**.

Wanderungsbilanz/-saldo	= Differenz aus Zu- und Fortzügen in einem Raum innerhalb eines bestimmten Zeitraums
Wanderungsdefizit	= negative Wanderungsbilanz
Wanderungsüberschuss	= positive Wanderungsbilanz

Freiwillige Wanderungen

- berufsorientierte Motive/Arbeitsplatzwechsel und -angebot
- wohnungsorientierte Motive/Verbesserung oder Eigentum
- familienorientierte Motive wie Heirat oder Nachzug der Familie
- Verbesserung des Lebensstandards (z. B. Land-Stadt-Wanderung)

Erzwungene Wanderungen

- Klimabeeinträchtigungen und ihre Folgen, z. B. Desertifikation
- Umweltschäden, z. B. als Folge von Kraftwerksexplosionen
- Naturkatastrophen, z. B. Überflutungen
- politische oder religiöse Verfolgung
- Vertreibung durch Kriege

Motive staatlich gelenkter Migration

- Umsiedlungen wegen Überbevölkerung und Nahrungsmangel
- Kolonisation und Entwicklung peripherer Regionen
- Durchsetzen von Territorialansprüchen (geopolitische Gründe)

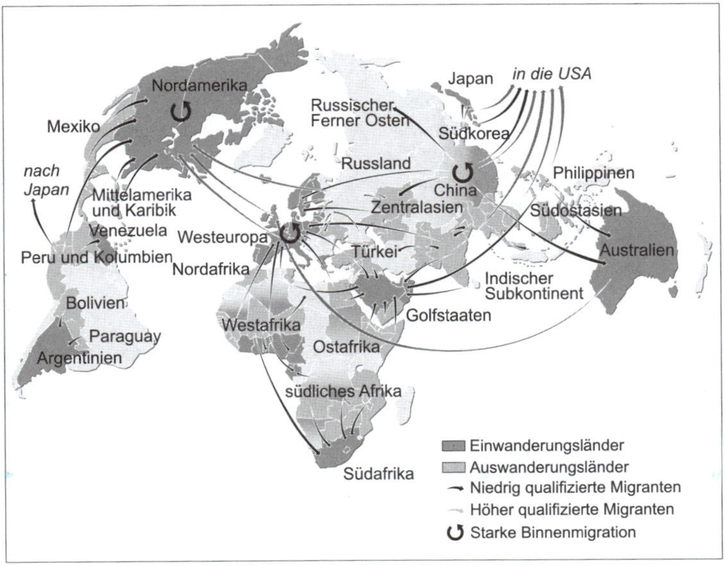

Weltweite Migrationsprozesse

Beispiel

Von 2010 bis 2020 werden aus Afrika und Asien 2,5 Mio. Menschen nach Europa, Nordamerika und Ozeanien zuwandern.

Auswirkungen von Migration auf Quellregionen
+ Abbau von Arbeitslosigkeit und sozialen Spannungen
+ finanzielle Unterstützung der nicht abgewanderten Familienmitglieder ermöglicht Konsum und Investitionen
– Überalterung der Bevölkerung wegen des Abwanderns v. a. jüngerer Bevölkerungsgruppen
– **Braindrain**: Arbeitskräfteverlust v. a. jüngerer und qualifizierter Arbeitskräfte (vgl. Braingain in Zielregionen)
– Gefährdung von bis dahin gewachsenen sozialen Strukturen
– drohende Infrastrukturverluste wg. Rückgangs der Bevölkerung
– Entleerung von Räumen mit der Folge von Wüstungen und/oder politischer Destabilisierung
Auswirkungen von Migration auf Zielregionen
+ **Braingain**: Arbeitskräftegewinn
+ Zunahme der Wirtschaftsleistung und des Steueraufkommens
+ Ausbau von Arbeitsplatzangeboten und Infrastruktureinrichtungen
+ Verjüngung der Altersstruktur
+ Stabilisierung der Sozialsysteme
– Belastung der Infrastruktur (Wohnungen, Schulen, Gesundheitssysteme) bei zu schneller und zu starker Zuwanderung, z. B. in Megastädten
– soziale Konflikte wegen fehlender Integration und zunehmender Segregation (Ghetto-Bildung oder Parallelgesellschaften)
– Entstehen von Marginalsiedlungen
– politische, wirtschaftliche und soziale Belastungen durch illegale Einwanderer, z. B. von Mexiko in die USA oder aus Afrika nach Europa
Regionale und globale Gesamtauswirkungen
+ Hin-und-Her-Wechsel zwischen Heimat- und Zielland je nach ökonomischer Situation hilft beiden Regionen
– Zunahme regionaler Disparitäten
+/– Notwendigkeit staatlich gelenkter (Gegen-)Maßnahmen im Rahmen von Stadt- und Raumplanung

Auswirkungen von Migration

Beispiel

Zwischen 1955 und 1973 wanderten 2,6 Mio. Arbeitskräfte aus den südeuropäischen und nordafrikanischen Ländern (**Gastarbeiter**) nach Deutschland zu, wo Arbeitskräfte fehlten. Nach der Rezession Ende der 1960er-Jahre und der Ölkrise 1973 kehrten viele zurück in ihre Heimat. Gegenwärtig bemüht sich die BRD um den Zuzug hochqualifizierter Arbeitskräfte, u. a. aus Indien.

3.2 Internationale Flüchtlingsströme

Ende 2013 waren nach Angaben der UNHCR 51,2 Mio. Menschen auf der Flucht, davon 33,3 Mio. **Binnenvertriebene** (Internally Displaced Persons) und 16,7 Mio. Flüchtlinge in anderen Ländern.

Ein **Flüchtling** ist **nach internationalem Recht** eine Person, die ihr Heimatland verlassen hat, weil sie eine begründete Furcht vor Verfolgung aufgrund ihrer Rasse, Religion, Nationalität, politischen Meinung oder Zugehörigkeit zu einer bestimmten sozialen Gruppe hat.

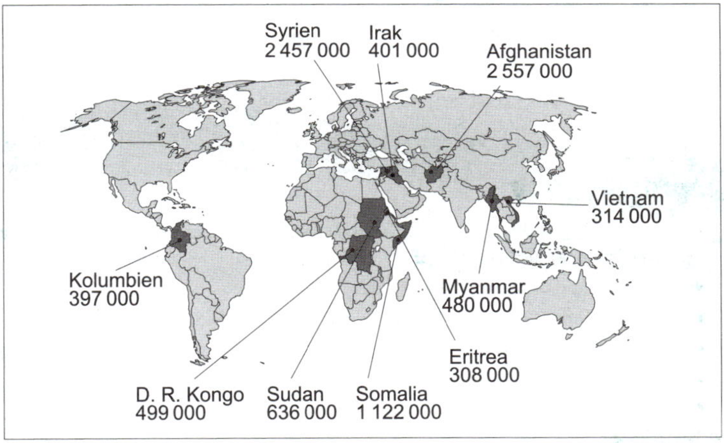

Hauptherkunftsländer von Flüchtlingen 2013

Beispiel

Zehntausende Afrikaner versuchen Jahr für Jahr nach Europa zu gelangen, oft illegal. Die EU arbeitet daran, die gemeinsame Grenzsicherung auszubauen, die nationalen Strukturen im Asylbereich anzugleichen und mit den Herkunftsländern zusammenzuarbeiten. Nur 10 % der Flüchtlinge aus Afrika werden gemäß der **Genfer Flüchtlingskonvention** als politische Flüchtlinge anerkannt, alle anderen werden ausgewiesen.

Weltweite Verstädterung

1 Eigenschaften von Städten

Verstädterung und Landflucht gehören kausal zusammen und sind den Migrationsprozessen zuzuordnen. **Pull-Faktoren** verlocken die Menschen, in die Stadt zu ziehen. **Push-Faktoren** veranlassen sie, ländliche Regionen zu verlassen.

„Städtisches Flair", „Stadtmensch", „Stadtklima" – die Alltagssprache macht deutlich, dass sich Land und Stadt unterscheiden.
Im Gegensatz zum Land ist eine **„Stadt"** eine verdichtete Siedlung mit spezifischen Funktionen; in Deutschland gelten Gemeinden mit Stadtrecht ab 2 000 Einwohnern als Stadt; ab 100 000 Einwohnern gilt eine Stadt als Großstadt.

Physiognomie (äußerliches Bild)

- dichte, häufig geschlossene Bebauung
- vom Rand zum Kern (Citymerkmale) zunehmende Gebäudehöhe
- hoher Schaufensterindex (Ladenfronten) im Zentrumsbereich
- hierarchisch gestuftes Straßennetz, zur Mitte hin engmaschiger
- Einrichtungen des ÖPNV, Parkflächen für private Verkehrsmittel

Struktur

- erkennbare Stadtentwicklungsphasen
- Untergliederungsmöglichkeit in Stadtviertel, z. B. Wohnviertel, innerstädtische Erholungsgebiete, z. T. ausgegliederte Gewerbe- und Industrieparks
- sozialräumliche Untergliederung
- Suburbanisierungsformen in verstädterten Vororten/im Umland

Funktion

- hohe Wohn- und Arbeitsstättendichte
- Geschäfts-, Verwaltungs- und Versorgungsfunktion im Zentrum, in Großstädten auch in sogenannten Nebenzentren
- zum Stadtrand hin Abnahme zentraler Funktionen und Zunahme der reinen Wohnfunktion
- Spezialangebote im Bildungs-, Gesundheits- , Geschäfts-, Dienstleistungs- und Kulturbereich in Abhängigkeit von der Stadtgröße

Erkennungsmerkmale einer Stadt

2 Entwicklung in städtischen Räumen

2.1 Die europäische Stadt

Rom, die Hauptstadt des Römischen Reiches, diente in Europa vielerorts als Vorbild, so in Paris, London oder Wien. **Das rechtwinklige Straßennetz** oder der **Marktplatz** und die **Markthalle im Zentrum** sind heute noch erkennbar, ebenso viele erhaltene Baukörper in Garnisons- und Verwaltungsstädten wie Köln, Mainz oder Trier.

Merkmale der europäischen Stadt

Im nebenstehenden Modell sind die **funktionale** und die **sozialräumliche Gliederung** gut zu erkennen: räumliche Gruppierung nach der Nutzung der Gebäude und Stadtviertel sowie nach Wohnvierteln mit Angehörigen der niedrigen, mittleren oder gehobenen Bevölkerungsschicht. Für den **Sozialstatus** sind der Grad der Schulbildung, die Einkommensverhältnisse sowie die kulturelle Zusammensetzung der Bevölkerung ausschlaggebend. In Korrelation hierzu stehen das Boden- und Mietpreisniveau.

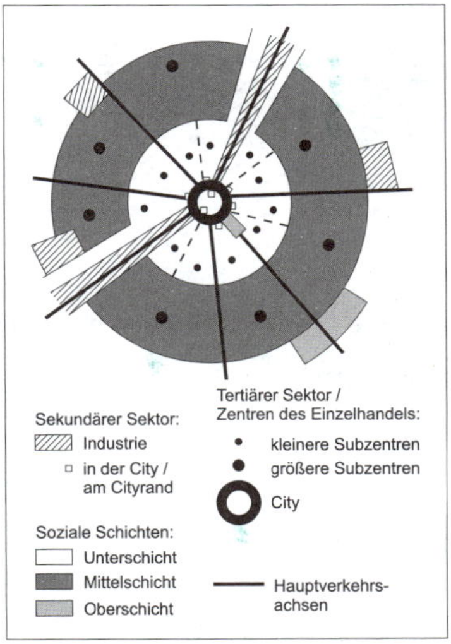

Modell der europäischen Stadt

Gründe für das Entstehen von Städten seit dem Mittelalter

- Entwicklung von Wirtschaft und Fernhandel
- Ausweitung kirchlicher und fürstlicher Macht
- Schutzfunktion für Bewohner durch Stadtmauer und Wehranlagen
- Arbeitsplatzkonzentration, v. a. seit der Industrialisierung
- flächenmäßiges Ausufern wegen Land-Stadt-Wanderungen

Städtebau-epoche	Mittelalter (8.–15. Jh.) Handels- und Bürgerstadt	Absolutismus (16.–18. Jh.) Residenzstadt	Industrialisierung (19. Jh.) Industriestadt
Grundriss	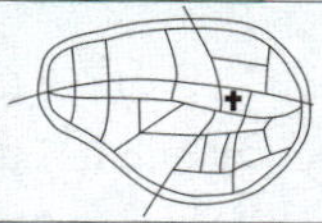		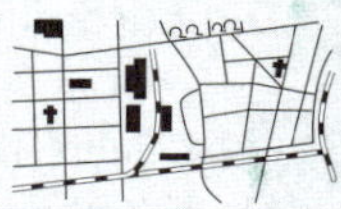
Siedlungs-mittel-punkt	• Kirche / Kloster • Burg • Marktplatz / Rathaus	• Schloss • Residenz	• Industrieanlage • Bahnhof
Verkehrs-system	• Handelsstraßen für Fuhrwerke, ausgerichtet auf Siedlungsmittelpunkt • enge, verwinkelte Gassen für Tragtiere oder Karren	• Alleen für Karossen • planmäßige Anlage, Hauptachsen auf Residenz ausgerichtet	• Eisenbahn • rasterförmiges Straßennetz
sonstige charakte-ristische Merkmale	• Stadtmauer, meist mit Graben • Wohn- und Arbeitsstätte unter einem Dach	• geometrische Park- und Gartenanlagen • Vauban'sche Bastionen	• Mietskasernen • Villengebiete • weitgehend räumliche Trennung von Wohnen und Arbeiten, aber noch enges Nebeneinander

Stadtentwicklung in Europa

Entwicklungen in Stadt und Umland im 20. Jahrhundert

- **Suburbanisierung**: Verlagerung des Städtewachstums in verstädterte Vororte und Umlandgemeinden als Folge gestiegener Kaufkraft, ausgebauter Verkehrsnetze und preisgünstigen Flächenangebots für Mietwohnungen, Einzelhandelsstandorte und Gewerbebetriebe
- **Segregation**: räumliche Trennung von sozialen/ethnischen Bevölkerungsgruppen, die zu ausgeprägter **Viertelbildung** führt; Polarisierung und ggf. soziale Konflikte wegen der Trennung von armen und reichen Gruppen
- **Gentrifizierung**: Verbesserung der Sozialstruktur und Aufwertung des Wohnumfeldes in Folge von Sanierung und Modernisierung (steigende Mietpreise in vorher sozial schwachen kernstadtnahen Bereichen)
- **Fragmentierung**: Störung des Sozialgefüges und einsetzende Auflösung der Stadt als soziale Einheit durch Privatisierung inselartiger Stadtflächen (**Gated Communitys**) mit Nutzungsprivilegien für Reichere; Gegenteil von sozialer Durchmischung

2.2 Die nordamerikanische Stadt

In Nordamerika entstanden die meisten Städte erst im 18. und 19. Jh.; Namen und bauliche Vorbilder lieferten oft die Kolonialmächte England (New York) und Frankreich (Montreal).

Merkmale der Stadtlandschaft (Urban Sprawl)

- schachbrettartig angelegtes Straßensystem
- **Downtown** (City) mit Wohnhochhäusern und Tertiärfunktionen
- **Central Business District**, Kern der Downtown mit öffentlichen und privaten Dienstleistungs- sowie hochwertigen Kulturangeboten
- **Transition Zone** mit Mischung aus Wohnen und Gewerbe, häufig **Ghettos** und später **Gentrifizierung**
- **Industrial Parks**, **Shopping Malls** und **Commercial Strips** entlang der Ausfallstraßen
- riesige **Suburbs** (Zersiedlung) mit Einfamilienhäusern
- **Edge Citys** (randständige Zentren) an Kreuzungspunkten
- **Gentrifizierung, Fragmentierung** und **Gated Communitys**

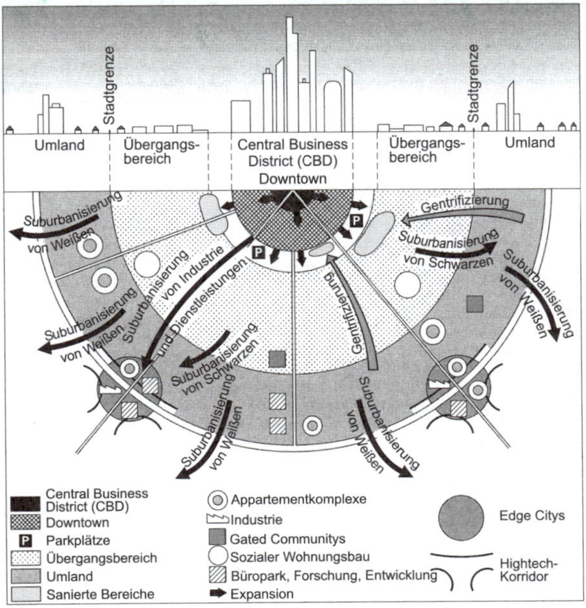

Modell der nordamerikanischen Stadt

2.3 Die lateinamerikanische Stadt

Mit mehr als 80 % weist Lateinamerika den höchsten Verstädterungsgrad auf. Weil die ersten städtischen Siedlungen aus der Zeit der **indianischen Hochkulturen** (u. a. Maya, Inka) von den spanischen bzw. portugiesischen Eroberern weitgehend zerstört wurden, stammen die heutigen Städte meist aus der Gründungszeit des 16. Jh. Sie waren damals **Kolonialstädte** zur Absicherung der wirtschaftlichen und politischen Interessen der beiden europäischen Mutterländer.

Merkmale der lateinamerikanischen Stadt

- **Schachbrettgrundriss**
- **Plaza Mayor**/Stadtkern mit angrenzenden Repräsentationsbauten
- ursprünglich Abnahme des Sozialstatus vom Zentrum (Adel, Oberschicht) nach außen (einfache Hütten der indigenen Bevölkerung), heute noch so in Kleinstädten
- **Überformung** des Zentrums im 20. Jh. durch **europäischen Baustil** und Zentrumsfunktionen
- **Marginalsiedlungen** im Kernstadtbereich (nach Wegzug der Oberschicht) sowie an der Peripherie und an Hängen
- starke **Fragmentierung**: Marginalsiedlungen vs. Gated Communitys

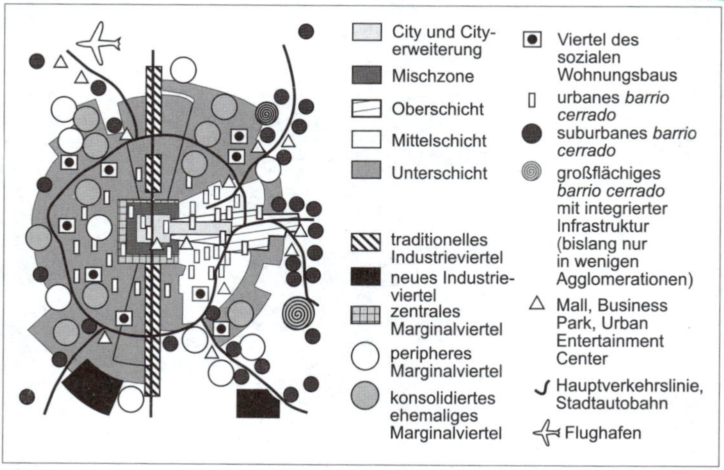

Modell der heutigen lateinamerikanischen Stadt

2.4 Die islamisch-orientalische Stadt

Seit dem 6. Jh. n. Chr. wurde der Grundtyp der orientalischen Stadt stark vom Islam geprägt. Später erhielt dieser Stadttypus durch Stadterweiterungen nach europäischem Vorbild eine **duale Struktur** von Altstadt (**Medina**) und Neustadt (**Ville Nouvelles**).

Merkmale der Altstadt

- **Hauptmoschee**: religiöses und kulturelles Zentrum
- **Kasba** (Zitadelle): Schutz-, Verwaltungs- und Repräsentationsbau
- Hauptbasar/**Suq**: Wirtschaftszentrum mit Sackgassensystem, Warenangebot heute häufig auf Tourismus ausgerichtet
- Wohnquartiere: durch Tore gesichert, mit **kleinen Basaren**
- **ringförmige Stadtmauer**, an sie angelehnt Paläste und Friedhöfe
- gegenwärtig z. T. **Gentrifizierung**

Merkmale der Neustadt

- **moderne Büro-/Geschäftsviertel**, mehrgeschossige Wohnhäuser
- **geradlinige Straßenführung** mit Standorten des Großhandels
- neuer, **zweiter wirtschaftlicher Kern** mit Tertiärwirtschaft
- Geschäfte mit hochwertigem Einzelhandelsangebot
- statt ethnischer Segregation nun **sozialräumliche Differenzierung**
- Wohngebiete der Mittel-/Oberschicht in attraktiver Stadtrandlage

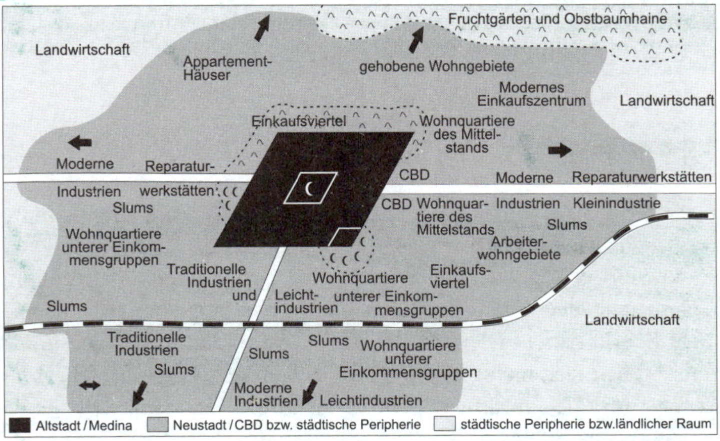

Modell der heutigen Stadt des islamischen Orients

3 Weltweite Metropolisierung

3.1 Metropolisierungsprozess

Aufgrund des enormen Bedeutungsüberschusses ist in vielen Hauptstädten – nicht nur der Entwicklungsländer – ein anhaltender Zuwachs an Bevölkerung zu verzeichnen. In Entwicklungsländern weisen diese **Primate Citys** gegenüber der zweitgrößten Stadt des Landes ein Vielfaches an Bevölkerung auf, sie sind in wirtschaftlicher und in politischer Hinsicht die dominierenden Zentren.

Land	Primate City	Einwohner	Einwohner der zweitgrößten Stadt
Chile	Santiago	6,4 Mio.	583 000
Mexiko	Mexico City	20,1 Mio.	1 650 000
Cote d'Ivoire	Abidjan	4,0 Mio.	643 000
Kambodscha	Phnum Pénh	1,2 Mio.	168 000
England	London	8,3 Mio.	2 250 000
Deutschland	Berlin	3,5 Mio.	1 800 000
Frankreich	Paris	10,5 Mio.	851 000

Hauptstädte und ihre Bedeutung

Derzeit gibt es ca. 350 Millionenstädte, in denen auf engem Raum ca. 20 % der Weltbevölkerung leben. Das Bedeutungsgefälle zwischen ihnen und anderen Regionen des jeweiligen Staates nimmt ständig zu, weshalb die **Land-Stadt-Wanderung** anhalten wird.

3.2 Megacitys

Sowohl die oben genannten Metropolen als auch andere **Riesenstädte** werden als **Megacitys** bezeichnet. Diese haben über 10 Mio. Einwohner und eine besondere ökonomische und/oder politische Bedeutung. Infrastruktur und Versorgung können mit der Bevölkerungszunahme nicht Schritt halten. Die Verwaltung ist überfordert, der Wachstumsprozess lässt sich nicht mehr steuern, es kommt zu **unkontrolliertem Wachstum**. Gegenwärtig leben ca. 1,3 Mrd. Menschen weltweit in **Marginalsiedlungen/Slums**, bis 2030 sollen es 2 Mrd. sein.

Probleme von Megacitys

- räumliche **Segregation**
- Zunahme von **Marginalsiedlungen** („slums of dispair"): sowohl informell entstandene illegale Siedlungen als auch bauliche und infrastrukturelle Degradierung ehemaliger Wohnviertel der Oberschicht und oberen Mittelschicht in den Innenstädten
- wachsende **Unterbeschäftigung**
- Zunahme der im informellen Sektor Beschäftigten (**„Schattenwirtschaft"**) ohne Steuerabgaben und soziale Absicherung; zurzeit liegt deren Anteil bei ca. 50 % aller Arbeitsverhältnisse in Großstädten der wenig entwickelten Staaten
- Zunahme der **Kriminalitätsrate**
- **stadtökologische Probleme** wie unzureichende Wasserversorgung, unkontrollierte Abwasser- und Müllentsorgung sowie zunehmende Luftverschmutzung
- Zunahme der **Verkehrsdichte**, u. a. wegen fehlenden Ausbaus des ÖPNV-Systems

Lösungsansätze

- Legitimierung und **Sanierung** bestehender Squatter- /Marginalsiedlungen („Ohnmacht des Staates")
- Übertragung von **Eigentumsrechten** in Staaten mit effizienter Stadtverwaltung (Asien, Lateinamerika, aber nicht Afrika)
- Erweiterung des Arbeitsplatzangebotes im **formellen Sektor**, u. a. durch die öffentliche Hand
- **Ausbau des Verkehrs- und Infrastrukturnetzes** (Anschluss an das öffentliche Wasser-, Strom- und Kanalnetz) durch die städtische Verwaltung
- Unterstützung der **Eigenarbeitsbereitschaft** der Bewohner von Marginalsiedlungen (= Selbsthilfeprojekte), u. a. durch Bereitstellung von Baumaterialien und Beratung

Beispiel

Mumbai wird im Jahr 2025 wie Tokio und Delhi über 25 Mio. Einwohner haben. Schon heute ist die Stadt überfordert damit, neue Einwohner aufzunehmen: Fast 50 % der Bevölkerung lebt in Slums.

Globalisierung

1 Globalisierung von Produktion und Absatz

1.1 Rahmenbedingungen des Globalisierungsprozesses

In wirtschaftlicher Hinsicht bedeutet Globalisierung den zunehmenden Austausch von Waren und Dienstleistungen weltweit, wozu u. a. die **internationale Arbeitsteilung** (Spezialisierung) beiträgt.
International agierende Großunternehmen, die **TNCs** (Transnationale Konzerne) und **Global Player**, sind auf allen Kontinenten vertreten und versuchen, sich durch Vernetzung von Standortvorteilen, ausländischen Tochtergesellschaften, Kooperationsverträgen oder Joint Ventures Marktvorteile zu verschaffen.

Folgende **Standortfaktoren** bestimmen ihre Produktionsstandorte:
- Rohstoffe
- günstige Arbeitskräfte (lohnkostenintensive Industrien wie Textilindustrie, Elektrotechnik)
- qualifizierte Arbeitskräfte (Hightech-Industrie, FuE-Industrien)

1.2 Wandel der Unternehmensstruktur

An die Stelle des traditionellen Produktionssystems treten je nach Produkt immer häufiger **gegliederte Produktionssysteme**. **Moderne Produktionsformen** wie Outsourcing, Just-in-time- und Just-in-sequence-Produktion, Lean Production, Global Sourcing sowie **neue Unternehmensformen** wie Spin-off-Unternehmen sind entstanden.

Dienstleistungen aus dem Bereich des Informations- und Kommunikationswesens sind aufgrund digitaler Vernetzung meist standortungebunden (häusliches Arbeitszimmer, Telearbeitsplatz = **Footloose Activitys**). **Virtuelle Fabriken**, die häufig nur für ein einziges gemeinsames Projekt nach dem After-the-sun-Prinzip arbeitend weltweit vernetzt sind, zählen hierzu.

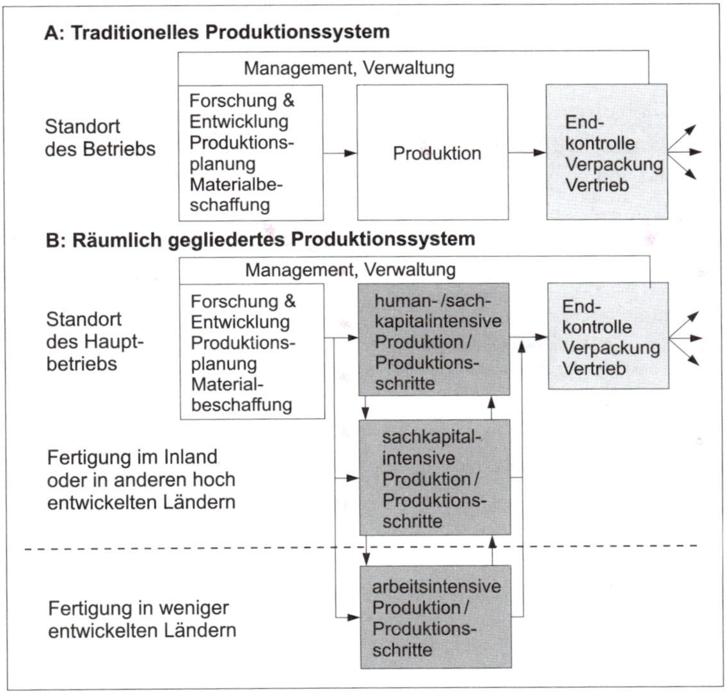

Produktionssysteme

Bildung von Clustern

Die Herausbildung branchenspezifischer Netzwerke, sog. **Cluster**, spielt wegen Fühlungs- und Agglomerationsvorteilen im Medien-, Finanz-, IT- oder Forschungsbereich eine große Rolle. Die räumliche Nähe zu Einrichtungen des Bundes oder der EU kann hierbei ebenso wichtig sein wie diejenige zu Universitäten, internationalen Investmentgesellschaften oder Marktforschungsinstitutionen.

Beispiel

Zum **Biotechnologie-Cluster in Nordrhein-Westfalen** gehören an den Standorten Aachen, Bonn, Düsseldorf, Köln und Wuppertal 17 (Bio-)Technologieparks, 9 Universitäten, 177 Life-Science-Unternehmen und 13 BioTech-Auftragsforschungsinstitute.

1.3 Rückwirkungen auf den Wirtschaftsstandort Deutschland

Der Globalisierungsprozess wirkt sich unterschiedlich auf den Wirtschaftsstandort Deutschland aus; dies hängt von der jeweiligen Branche und von den regionalen Gegebenheiten ab.

positiv	negativ
• globale Marktpräsenz, d. h. Chance auf Teilnahme an internationalen (Absatz-)Märkten • bessere Transfermöglichkeiten von Know-how, Kapital (Auslandsdirektinvestitionen = ADI), Waren und Dienstleistungen • stärkere internationale Kooperation infolge zunehmender Wirtschaftsliberalisierung	• Standortverlagerung inländischer Unternehmen • Produktionsfaktor Arbeit unter internationalem Anpassungsdruck • Arbeitsplatzverluste und Zunahme von Arbeitslosigkeit • sinkende Steuereinnahmen und damit geringere Investitionen der öffentlichen Hand • Risiko eines sozialen Abstiegs, v. a. von weniger qualifizierten Berufsgruppen

Begleiterscheinungen und Folgen für Deutschland

2 Länder unterschiedlichen Entwicklungsstandes im Prozess der Globalisierung

2.1 Anteile am Welthandel

Seit 1990 hat sich die Weltproduktion an Gütern und Dienstleistungen im Zuge der Internationalisierungs- und Globalisierungstendenzen in etwa verdreifacht. Die Staaten der Erde haben entsprechend ihrem Entwicklungsstand unterschiedlichen Anteil an diesen Kapital-, Rohstoff-, Waren- und Dienstleistungsströmen. Den Hauptanteil besitzen die Länder der **Triade** (EU, Japan/Ost- und Südostasien, Nordamerika), die sowohl beim **Intra-** als auch beim **interregionalen Handel** dominieren. Hierbei spielen internationale und **multinationale Unternehmen** eine immer größere Rolle.

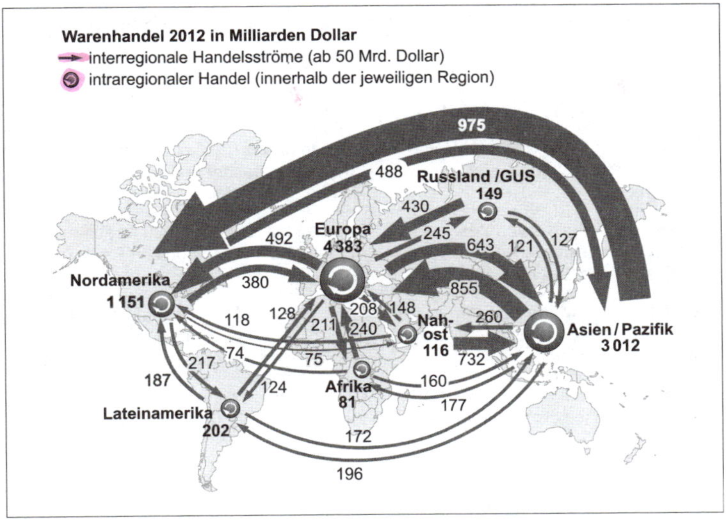

Globale Handelsströme

2.2 Terms of Trade

Terms of Trade beschreibt das Preisverhältnis zwischen Export- und Importgütern. Dieses ist für Entwicklungsländer wegen des Wertes der exportierten Rohstoffe und der importierten Industriegüter/Fertigwaren besonders wichtig. Hieraus ergeben sich **Handelsüberschüsse oder -defizite** bzw. eine ausgeglichene Handelsbilanz. In vielen Entwicklungsländern steigt die **Staatsverschuldung** stark an; wegen zu hoher Zinslasten werden viele zahlungsunfähig.

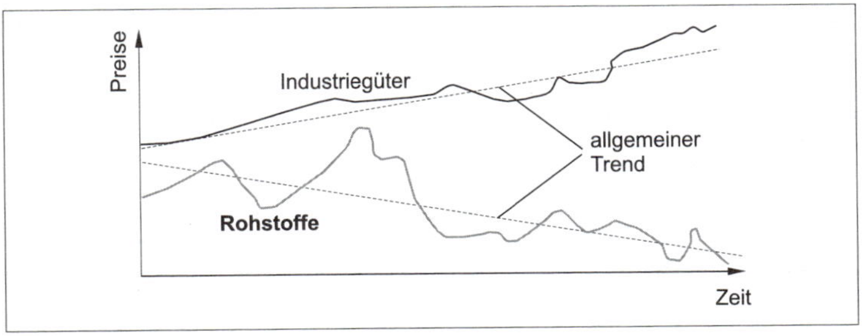

Entwicklung der Terms of Trade im Laufe der Zeit

2.3 Chancen und Risiken internationaler Arbeitsteilung

Chancen für Industrie- und Dienstleistungsgesellschaften	Risiken für Industrie- und Dienstleistungsgesellschaften
Erschließung neuer Märkte in den weniger entwickelten Ländern	Verstärkung der Einkommensschere zwischen einfacher und qualifizierter Arbeit
Lohnkostenvorteile durch Verlagerung von Produktionszweigen in weniger entwickelte Länder	Verlust staatlicher Autorität im Rahmen der Internationalisierung von Produktionsfaktoren
Einkommensgewinne infolge verbesserter Terms of Trade (positive Außenhandelsbilanz)	sinkender Handlungsspielraum innerhalb der nationalen Lohnpolitik infolge wachsenden ausländischen Lohnkostendrucks
Konzentration auf hochspezialisierte und hochtechnologische Produkte	Gefahr des unkontrollierten Transfers von technologischem Know-how in weniger entwickelte Länder
Teilhabe an neuen Produktionsverfahren; Knowledge-Sharing	ständiger Anpassungsdruck an neue Produktionsverfahren, um durch Wissensvorsprünge auf dem Weltmarkt bestehen zu können

Chancen und Risiken für Industrie- und Dienstleistungsgesellschaften (Auswahl)

Chancen für Schwellen- und Entwicklungsländer	Risiken für Schwellen- und Entwicklungsländer
wirtschaftliche Wachstumsimpulse infolge neu geschaffener Arbeitsplätze	Risiko, an den Globalisierungsprozessen nicht intensiv genug bzw. gar nicht teilhaben zu können
Spezialisierung auf die Produktion arbeitsintensiver Produkte, langfristig höhere Löhne und dadurch Chance auf Verringerung der Armut	Gefahr des Anwachsens von Einkommensunterschieden zwischen den Entwicklungsländern
Teilhabe am Technologie-, Know-how- und Kapitaltransfer (z. B. durch ausländische Direktinvestitionen)	Gefahr des Protektionismus seitens der Industrieländer (z. B. Einfuhrzölle)
ausgeglichenere soziale Verhältnisse, politische Stabilität und Wohlstandsverbesserung	starke Einflussnahme ausländischer Direktinvestitionen, dadurch Gefahr der Fremdbestimmung
Möglichkeit zur Spezialisierung in Branchen, die von den Industrieländern aufgegeben werden	weiterhin geringe Entwicklungsperspektiven für die ärmsten, politisch oft instabilen Länder infolge Fehlens ausländischen Kapitalzuflusses

Chancen und Risiken für Schwellen- und Entwicklungsländer (Auswahl)

3 Steuerung des Globalisierungsprozesses

3.1 Zielsetzungen bedeutender Wirtschaftsblöcke

Im Rahmen des Globalisierungsprozesses sind Verdichtungs- und Vernetzungsprozesse auch innerhalb von Großregionen zu beobachten. Durch **Handelsabkommen** mit benachbarten Staaten wird versucht, die eigenen Wirtschaftspotenziale inter- und intraregional zu verstärken. Hierzu zählen auch zahlreiche protektionistische Maßnahmen.

Protektionismus ist eine Wirtschaftspolitik von Staaten zum Schutz inländischer Produkte sowie des Binnenmarktes gegenüber ausländischen Konkurrenten: Hierzu zählen u. a. Einfuhr-/Schutzzölle, Einfuhrbegrenzungen, Embargos (Handelssperren) und Subventionierung eigener Produkte.

Freier Welthandel (auch **Freihandel**): Internationaler Handel ohne Verbote oder Handelshemmnisse ist Ziel der **Handelsliberalisierung**.

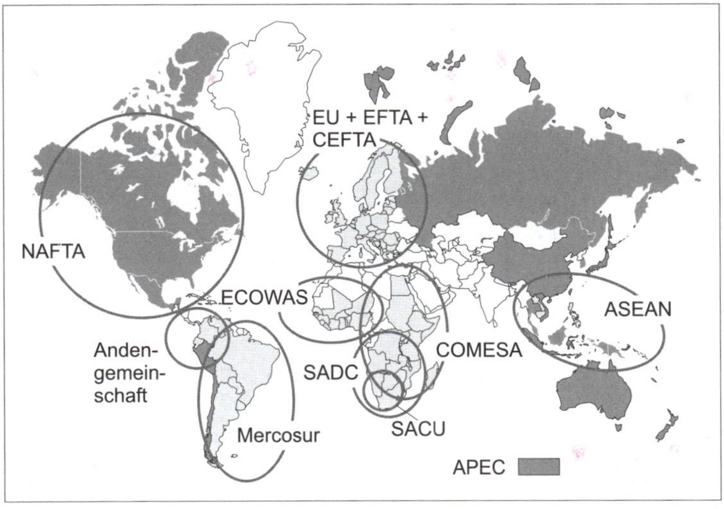

Wirtschaftszusammenschlüsse Anfang 2015

Beispiel

1993 wurde der EU-Binnenmarkt gegründet; in ihm galt der freie Verkehr von Waren (ohne Zölle und mengenmäßige Handelsbeschränkungen, mit einheitlichem Zolltarif gegenüber Nichtmitgliedern), von Personen, Dienstleistungen und Kapital. Mit der Einführung der gemeinsamen Währung **Euro** festigte die Europäische Wirtschafts- und Währungsunion ihre Position gegenüber anderen Wirtschaftsbündnissen (Litauen ist seit 1. 1. 2015 das 19. Land der Euro-Zone).

3.2 Weltwirtschaftsordnung

Weltwirtschaft und Welthandel weisen **disparate Strukturen** auf. Um ein weiteres Auseinanderklaffen der Wirtschaftskraft von Staaten zu verhindern bzw. einzudämmen, müssen **überstaatliche Regelungen** von **überstaatlich anerkannten Institutionen** getroffen und kontrolliert werden.

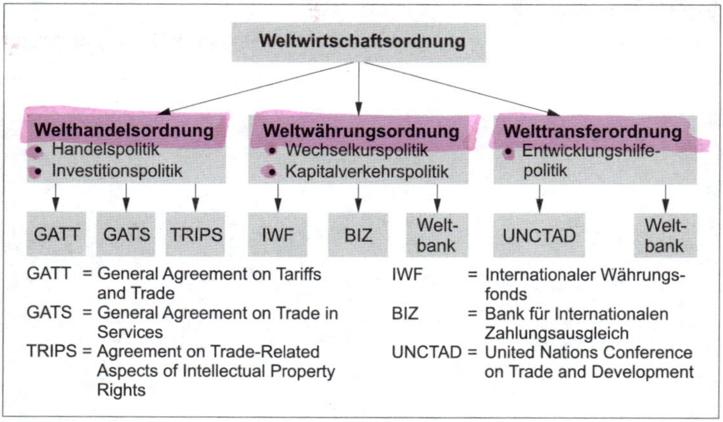

Weltwirtschaftsordnung: Bereiche und Institutionen

Beispiel

Die UNCTAD hat als ständiges Organ der Generalversammlung der UN, verbunden mit dem Wirtschafts- und Sozialrat, die Aufgabe, den Handel zwischen Ländern unterschiedlichen Entwicklungsstandes zu fördern.

Die **Leitbilder zur Steuerung des Welthandels** haben sich im Laufe der Zeit geändert *(siehe Kap. „Eine Welt", S. 49 ff.)*:

1950er-/ 1960er-Jahre	Wachstum und Modernisierung (**„Aid by Trade"**; **„Big Push"**, **„Trickle-down-Effekt"** – nachholende Industrialisierung, u. a. mittels Kapitalhilfe und Technologietransfer)
1960er-Jahre	Befriedigung der Grundbedürfnisse (**„Basic Needs"**, **„Basic Human Needs"**)
1960er-/ 1970er-Jahre	Neue Weltwirtschaftsordnung (Forderung der Reformierung internationaler Wirtschaftsbeziehungen durch die Entwicklungsländer, u. a. gerechtere Austauschbeziehungen/Terms of Trade, stabilere Rohstoffpreise)
1970er-/ 1980er-Jahre	Abkoppelung der Entwicklungsländer vom Weltmarkt und autozentrische Entwicklung (**„Self Reliance"**)
1990er-Jahre	Nachhaltigkeit (**„Good Governance"**)
2000er-Jahre	Armutsminderung im Rahmen der **Millenniums-Entwicklungsziele** bis 2015

Leitbilder zur Steuerung des Welthandels

3.3 Wirksamkeit internationaler Handelsabkommen

Die wirtschaftliche **Globalisierung** und der Großteil der **Handelsabkommen** sind überwiegend **für die Industrieländer von Vorteil**. Einige der **Gründe** hierfür sind:

- Einige wenige reiche Industrieländer steuern die Weltwirtschaft.
- Auch innerhalb von Verbünden dominieren **einzelne Staaten** (z. B. die USA in der NAFTA).
- Das **Stimmrecht** erlaubt es den Industriestaaten in den global agierenden Organisationen wie UNCTAD oder Weltbank, über die wirtschaftliche Integration anderer Staaten zu bestimmen.
- In globalen Netzwerken spielen Kommunikation, Technologie und Kapitaltransfer eine immer größere Rolle. Aufgrund ihres **Entwicklungsvorsprunges** dominieren hierbei die Industriestaaten in besonderem Maße.
- Allgemein gehaltene Abkommen können die sehr unterschiedlich gelagerten (Unter-)Entwicklungsgründe der einzelnen Entwicklungsländer nicht angemessen berücksichtigen.

4 Ferntourismus

4.1 Voraussetzungen und Entwicklung

Der Globalisierungsprozess hat durch den zunehmenden **Ferntourismus** auch peripheren Regionen zu wirtschaftlichem Aufschwung verholfen. Begünstigende Faktoren sind dabei die Naturausstattung (Klima, Strände), soziokulturelle Attraktivität (Reste früherer Hochkulturen, andersartige Kultur und Religion) und ein relativ günstiges Preisniveau. Der **Beitrag zum staatlichen BIP** reichte im Jahr 2012 von 4,7 % in Deutschland über 10–20 % in den Mittelmeeranrainerstaaten bis über 80 % auf den Malediven. Weltweit ist Europa die wichtigste Tourismusregion.

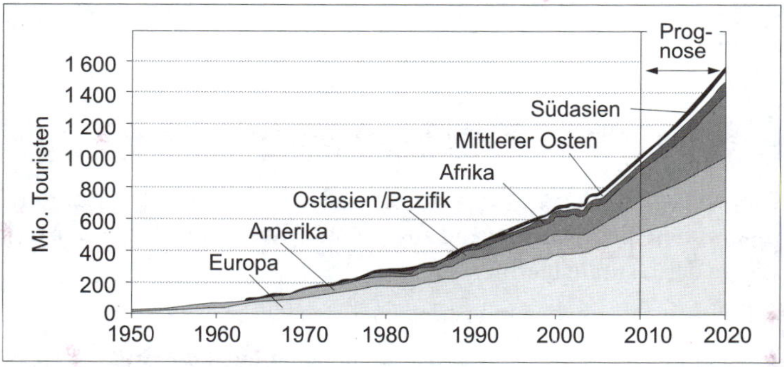

Zielregionen des Tourismus

Beispiel

Inselstaaten wie die Bahamas, die Malediven oder auch die Kapverden sind gekennzeichnet durch ihre ökonomische Schwäche, bedingt durch die periphere Lage und den extrem kleinen Binnenmarkt. Einnahmen aus dem Tourismus sollen helfen, **Devisen** zu erwirtschaften, der negativen Handelsbilanz entgegenzuwirken und **Arbeitsplätze** zu schaffen.

4.2 Auswirkungen auf Quell- und Zielregionen

Voraussetzungen für die Zunahme des Tourismus	Auswirkungen in den Quellregionen
• verkürzte Arbeitszeiten • mehr Urlaubstage • höheres Realeinkommen • gewachsene Motorisierung • Pauschaltourismus • verbilligte Flugreisen	• Gewinnbeteiligung der Touristikbranche • Zinsgewinne von Kapitalleistungen • Rückwirkungen fremder Kulturen auf eigene Lebensweise und -einstellungen • Zuwanderung aus Zielgebieten • Zunahme der Toleranz gegenüber fremden Religionen und Kulturen

Auswirkungen des Ferntourismus auf Quellregionen (Auswahl)

Beispiel

Fernreisen führen zum besseren Verständnis der erlebten Kulturen. In den Heimatländern der Touristen entstehen neuartige Angebote in den Bereichen Freizeit (z. B. Salsakurse), Gesundheitswesen (z. B. chinesische Medizin) oder Gastronomie (z. B. Kochen mit dem Wok).

Positive Folgen für Zielregionen
• Devisenzufluss • positive Beschäftigungseffekte • Zunahme des Tertiärisierungsgrades (allerdings: auch der Schattenwirtschaft) • Trickle-down-Effekte • Infrastrukturentwicklung (u. a. Kläranlagen, Trinkwasser) • Entlastung der Hauptstadtregion in Entwicklungsländern • Abbau regionaler Disparitäten
Negative Folgen für Zielregionen
• allgemeine Preissteigerungen (u. a. für Boden und Nahrungsmittel) • hoher Devisenrückfluss (u. a. für Lebensmittel und Management) • hohe Ausgaben für Infrastruktur bei geringer eigener Nutzung • überwiegend nur saisonale Beschäftigung (v. a. Niedriglohnsektor) • starker Ressourcenverbrauch (u. a. von Wasser) • Störung empfindlicher Ökosysteme (u. a. Hochgebirge, Korallenriffs) • Verlust traditionellen Handwerks, stattdessen Tourismus-Kitsch • Abwendung von der traditionellen Kultur (Akkulturation) • Zunahme von Kriminalität (Prostitution, Bettelei)

Auswirkungen des Ferntourismus auf Zielregionen (Auswahl)

4.3 Grenzen des touristischen Wachstums

Touristische Regionen durchlaufen eine Art **„Lebenszyklus"**, vergleichbar dem Produktlebenszyklus. Ein solcher prototypischer Verlauf wird u. a. im sogenannten **Butler-Modell** dargestellt:

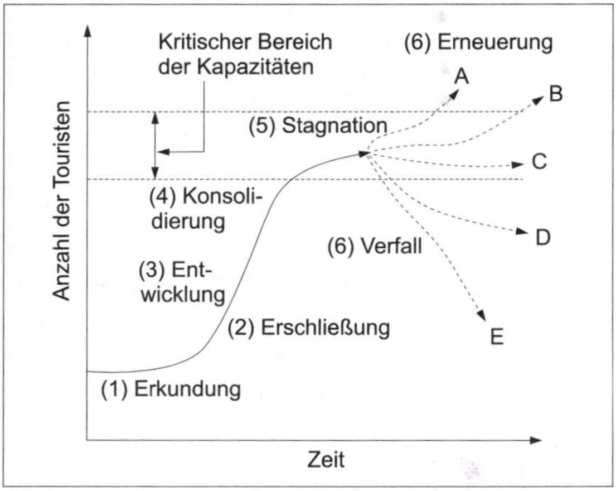

Destinationslebenszyklus-Modell von Richard Butler (1980)

Phase 1 – **Erkundung**	Zielregionen unbekannt, „exotisch"; Pionier-, Individualtouristen; Ziel schwer erreichbar; kaum Infrastrukturangebote
Phase 2 – **Erschließung**	bekannter durch Mundpropaganda; steigende Urlauberzahlen, Verkehrs- und Beherbergungsstrukturen im Aufbau
Phase 3 – **Entwicklung**	Aufnahme in das Programm von Reiseveranstaltern; einsetzender Massentourismus, Arbeitsplatzangebote für Einheimische; ökologische Belastungen
Phase 4 – **Konsolidierung**	starke Werbung, saisonale (Sonder-)Angebote; noch leichte Zuwachsraten; hohe ökologische Belastung; Verdrängung der Einheimischen aus der Tourismusbranche
Phase 5 – **Stagnation**	abnehmende Touristenzahlen, wenig Erstreisende, sinkendes Gästeniveau, künstliche Attraktionen als Impulsversuch, Arbeitsplatzrückgang, Erreichen der Tragfähigkeitsgrenze
Phasen 6 A–E (zwischen Erneuerung und Verfall)	**Erneuerung**: Bewerbung neuer, spezieller Zielgruppen; Modernisierung der Infrastruktur, Abnahme der ökologischen Belastung **Verfall:** Werbung nachlassend, Touristenzahlen rückläufig, ökonomischer Nutzen gering, ökologische Belastung hoch

Phasen der touristischen Erschließung nach Butler

Die Entwicklung des Tourismus in einem Entwicklungsland hat **Karl Vorlaufer** modellhaft dargestellt. Er unterscheidet eine **Initialphase** (wachsendes Interesse der Touristen, Ausbau der Infrastruktur), eine **Expansionsphase** (touristische Nebenzentren neben der Hauptstadt) und eine **Konsolidierungsphase** (Ende der touristischen Erschließung, beginnende Stagnation).

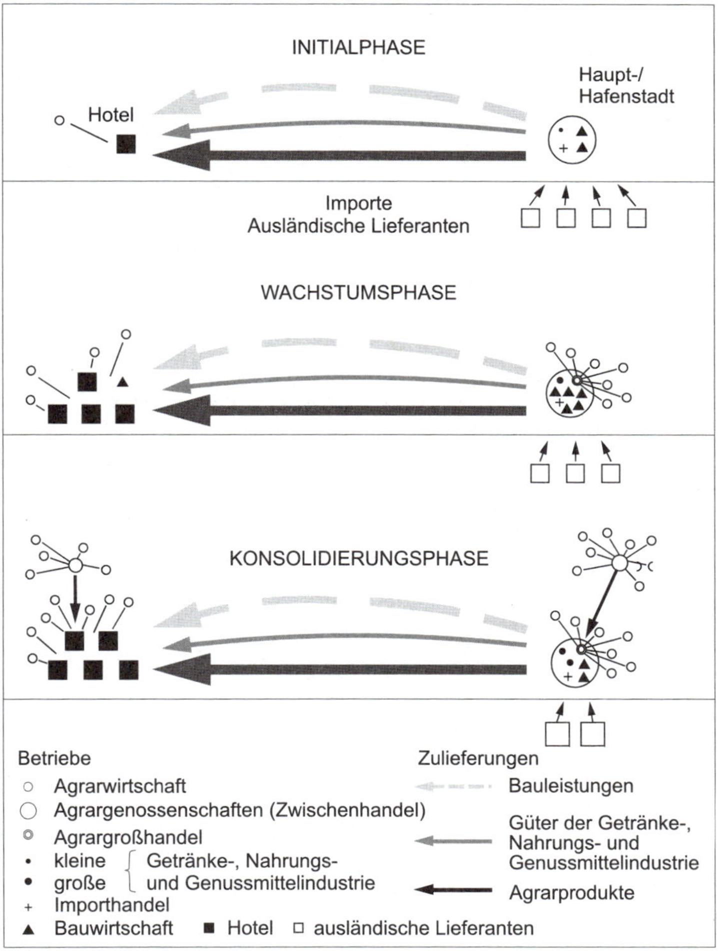

Modell von Karl Vorlaufer (bezogen auf Entwicklungsländer)

Deutschland – Raumstrukturen und Entwicklungsprozesse

1 Der demographische Wandel

1.1 Regional unterschiedliche Bevölkerungsentwicklung

Nach dem Babyboom der Nachkriegszeit ist in Deutschland seit Mitte der 1960er-Jahre die Gesamtfertilitätsrate unter das Ersatzniveau gesunken (**zweite demographische Transformation**). Der hieraus folgende Bevölkerungsrückgang wurde bis zur Gegenwart durch Wanderungsgewinne weitgehend ausgeglichen. Allerdings verteilt sich die Bevölkerung regional sehr unterschiedlich.

Ursachen der Binnenwanderung
• **O-W-Binnenwanderung** aus den Neuen Bundesländern nach der Wiedervereinigung Deutschlands wegen des Zusammenbruchs des dortigen Wirtschaftssystems und hoher Arbeitslosigkeit; Ausnahme: Großraum Berlin-Brandenburg • Arbeitsplatzangebot in wirtschaftlichen **Boomregionen**, v. a. im Süden Deutschlands • überdurchschnittliche Zuwachsraten in **städtischen Kernregionen** der alten Bundesländer, seit Beginn des 21. Jh. auch in einigen Großstädten Ostdeutschlands (Potsdam, Dresden, Leipzig, Jena, Erfurt) wegen des größeren Arbeitsplatzangebotes und allgemein besserer Lebensbedingungen
Folgen in Abwanderungsregionen
→ Anstieg der **Überalterung** durch Wegzug v. a. arbeitsfähiger junger Menschen → Mangel v. a. an jüngeren gebärfähigen Frauen → Mangel an qualifizierten Erwerbspersonen → Überangebot und **Leerstand** von Wohn- und Gewerbegebäuden → **infrastrukturelles Überangebot** und somit Überlastung der öffentlichen Haushalte, u. a. wegen geringer Steuereinnahmen – Rücknahme öffentlicher Dienstleistungsangebote → weitergehende **wirtschaftliche Schwächung** („sozialer und wirtschaftlicher Teufelskreis") → Zunahme **regionaler Disparitäten**

Ursachen der Binnenwanderung und Folgen in Abwanderungsregionen

Kennzeichen des demographischen Wandels in Deutschland

- **„Weniger“**: Rückgang der Bevölkerungszahl seit 2002; allgemeine Schrumpfungsprozesse in Abwanderungsregionen
- **„Grauer“**: Alterung der Gesellschaft – dies hat Konsequenzen für das Gesundheitswesen und das System der Altersversorgung
- **„Bunter“**: Zunahme ethnischer und kulturell unterschiedlicher Bevölkerungsgruppen, häufig mit Migrationshintergrund
- **„Vereinzelter“**: Zunahme der Ein-Personen-Haushalte (Singles, Rentner)

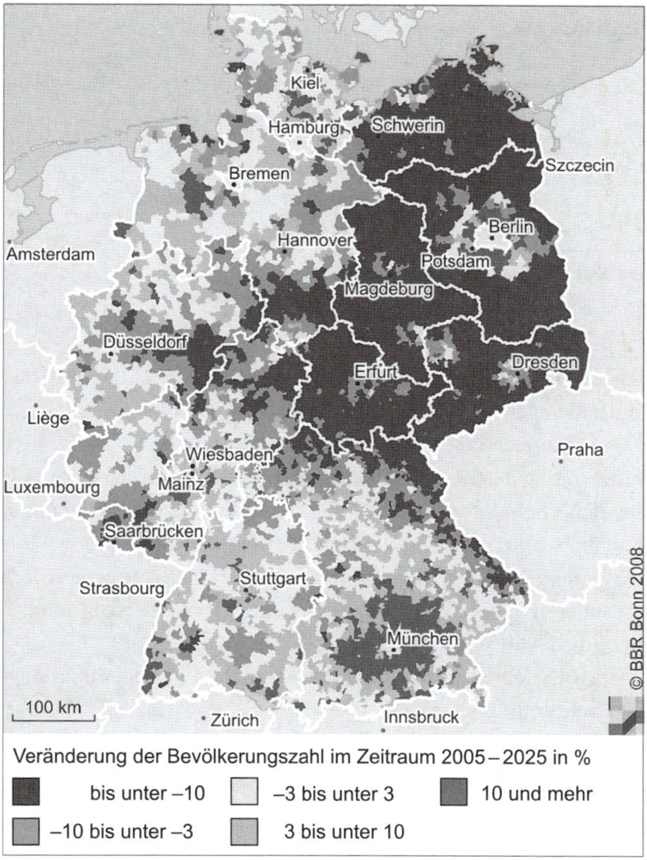

Deutschland: Entwicklung der Bevölkerung 2005 – 2025

1.2 Grenzüberschreitende Migration und ihre Folgen

Wirtschaftliche und politische Gründe haben aus dem ehemaligen Auswanderland Deutschland nach dem Zweiten Weltkrieg ein **Einwanderland** werden lassen. Während sich die „**Gastarbeiter**" sowohl nach eigener Einschätzung als auch nach deutscher Betrachtung ursprünglich nur zeitlich befristet in Deutschland aufhalten sollten, nahm deren **Verweildauer** aus unterschiedlichen Gründen stetig zu. Seit den 1990er-Jahren ist deutlich geworden, dass es sich weitgehend um dauerhaft in Deutschland bleibende „**Einwanderer**" handelt, die es zu integrieren gilt.

nach 1955	Zuwanderung von „Gastarbeitern", v. a. aus Südeuropa, Nordafrika und der Türkei
nach 1975	Nachzug von Familien aus den Gastarbeiter-Herkunftsländern
nach 1980	Asylbewerber aus unterschiedlichen Staaten
nach 1990	Kriegsflüchtlinge aus dem ehemaligen Jugoslawien
21. Jh.	Anwerbung qualifizierter Arbeitskräfte

Deutschland: Schritte zum Einwanderungsland

Folgen

- **Anstieg des Ausländeranteils**: 1950: 1 %; 1970: 5 %; 2014: ca. 9 %; bei Zugrundelegen des „Migranten"-Begriffs 2014 insgesamt sogar ca. 20 %, in Kernstädten Süddeutschlands bis zu 45 %
- Zunahme von „Überfremdungsängsten" bei den Deutschen mit entsprechenden „Schutzreaktionen", u. a. Erschwernis des Wohnungsmarktzugangs, v. a. für türkische Bevölkerungsgruppen
- Verlangsamung des gesamtgesellschaftlichen Überalterungsprozesses wg. anderen generativen Verhaltens der Migranten (deutlich höhere **Fertilitätsrate**)
- **Stabilisierung der Konjunktur** durch Aufhalten des bevölkerungsmäßigen Schrumpfungsprozesses
- Notwendigkeit der **Integration** von beiden Seiten mit dem Ziel, **Segregation** und **Parallelgesellschaften** zu verhindern
- **staatliche Förderprojekte**, u. a. zum Erlernen der deutschen Sprache oder zur Ermöglichung höherer Bildungsabschlüsse und Berufszugänge

2 Entwicklung in städtischen Räumen

2.1 Folgen der Tertiärisierung für die Städte

Immer wieder neue technische Entwicklungen, die zunehmend aus dem tertiären Sektor kommen, sind nach Nicolai Kondratieff die Basis für eine stetig wachsende Weltwirtschaft (**Theorie der langen Wellen**). Standorte dieser Entwicklung und damit Innovationszentren finden sich überwiegend in Städten und Stadtregionen. Nicht nur traditionelle Verwaltungs- und Handelszentren, sondern auch frühere altindustriell geprägte Städte sind nach dem Deindustrialisierungsprozess und vollzogenem Strukturwandel weitestgehend tertiärwirtschaftlich geprägt.

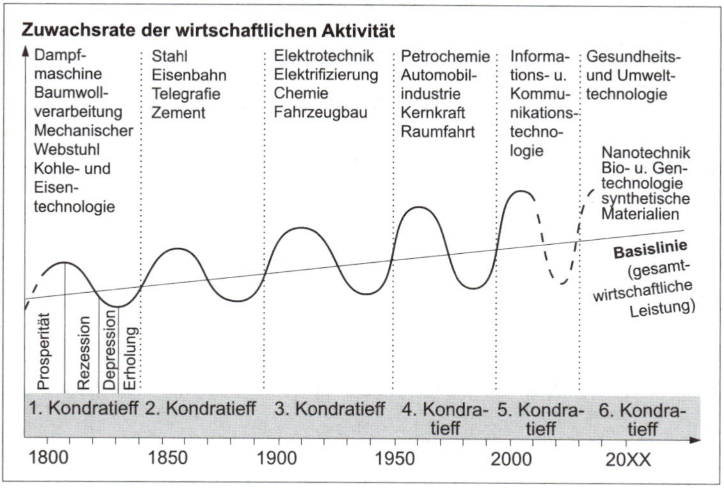

Kondratieff: Theorie der langen Wellen

Impulsgeber für Veränderungen und Weiterentwicklung

- neuartige Dienstleistungsbereiche wie Software-Entwicklung
- erhöhte Aktivitäten in FuE-intensiven Industrien (z. B. Biotechnologie)
- steigender Bedarf an nationaler und internationaler Rechtsberatung
- steigende Nachfrage nach Support und Schulungsdienstleistungen

- stärkere Nachfrage nach wissensintensiven Dienstleistungen als Folge von Globalisierung, politischem Streben nach globalem Freihandel und Zunahme des globalen Konkurrenzkampfes um Märkte

zunehmende Standortkonkurrenz kapitalintensiver Produktions- und Dienstleistungsstandorte in den Stadtzentren bei steigenden Boden- und Immobilienpreisen	→	Verlagerung von Produktionsstandorten an den Stadtrand (z. B. Supermärkte an den Ausfallstraßen) und ins Umland (z. B. Güterverteilungszentren); Verdrängung von ehemals innerstädtischen Wohnfunktionen an den Stadtrand und ins Umland; Verbleib von luxussanierten Wohnstandorten im Kernstadtbereich mit nachfolgender sozialer Segregation
räumliche Konzentration hochqualifizierter Dienstleistungen im Kernstadtbereich	↗	Bedeutungsverlust traditioneller Dienstleistungssparten in den Innenstädten, u. a. ehemaliger Versorgungsstandorte; Überformung ursprünglicher Bausubstanz, Gefahr des Kulturverlustes
	↘	Suburbanisierungsprozesse mit Verlagerung der Wohn- und Produktionsstandorte in die Peripherie

Räumliche Folgen der Tertiärisierung innerhalb der Stadtregion

2.2 Suburbanisierung und deren Folgen

Bevölkerungs-, Gewerbe- und Einzelhandelssuburbanisierung haben die Wechselbeziehungen innerhalb von Stadtregionen während verschiedener Stadtentwicklungsphasen unterschiedlich beeinflusst *(vgl. Abb. S. 89)*.

Folgen

- Die Kernstädte werden durch die Kosten für die weiträumiger anzulegende öffentliche Infrastruktur finanziell stärker belastet.
- Steuereinnahmen fließen stärker in Nachbargemeinden ab.
- Mit Teilen der Bevölkerung gehen auch Zentralitätselemente verloren wie qualifizierte Arbeitsplätze, die z. T. ins Umland mit abwandern, oder Einzelhandelsstandorte (an Ausfallstraßen oder am Stadtrand).

- **Segregationsprozesse** marginalisierter Bevölkerungsgruppen in wirtschaftlich rückständigen Innenstadtbereichen nehmen zu.
- Pendleraufkommen und Verkehrsbelastungen steigen.
- Es findet eine ungewollte **stärkere sozialräumliche Differenzierung** der Gesellschaft nach Einkommensverhältnissen und Lebensstil zwischen Stadt und Umlandgemeinden statt.
- Probleme sozialer und ethnischer Integration nehmen zu.

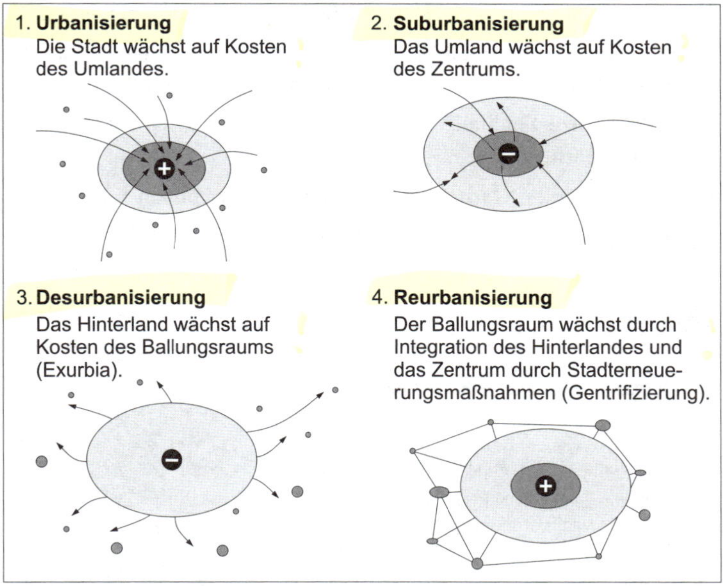

Phasen der Entwicklung einer Stadtregion

2.3 Stadtumbau West und Ost

Das geänderte generative Verhalten, Transformationsprozesse in den neuen Bundesländern *(vgl. S. 94 f.)* sowie der Prozess der Deindustrialisierung vor allem in Altindustriegebieten, die von Schwerindustrie geprägt waren, ließen schrumpfende Städte (**Shrinking Citys**) entstehen.

Arbeitsplatzverluste haben zur Abwanderung im großen Umfang geführt, sodass Wohn- und Gewerberaum plötzlich im Übermaß vorhanden war. Wegen geringerer Nachfrage sank das Mietpreisniveau, Leerstände nahmen zu, Sanierungen und Renovierungen durch Hausbesitzer und Wohnungsbaugesellschaften unterblieben immer häufiger. Solchen Städten drohte der Verlust ihrer städtischen Funktionen. Folgende Entwicklungen sind möglich:

- Zur Stabilisierung können Aufwertungsmaßnahmen, Rückbau, Abriss oder Maßnahmen zur **Revitalisierung** unternommen werden.
- Findet Abriss innerstädtisch statt und entstehen hierdurch Frei- und Grünflächen, spricht man von einer **perforierten Stadt.**
- Werden ganze Stadtteile beseitigt, greift der Begriff der **transformierten Stadt**.
- Als Folge dieses **Stadterneuerungsprozesses** können in einzelnen Städten und Stadtvierteln **Gentrifizierungsprozesse** festgestellt werden.

Beispiel

Strategien und Maßnahmen zur Aufwertung

- Schaffung eines räumlichen Leitbilds mit der Doppelstrategie der gezielten baulichen Wachstums- und Schrumpfungssteuerung
- Wachstumspotenziale: Konzentration auf den Erhalt, die Vitalisierung und weitere Verdichtung der traditionellen städtischen Strukturen
- Schrumpfungsprozess: Begrenzung der Ausweitung ins Umland; Entdichtung in den Randzonen der Stadt; Schaffung von großräumigen grünen Bereichen in der Kernstadt
- Abrissmaßnahmen in den Plattensiedlungen, dadurch Reduzierung des Wohnungsleerstands

Abrissbereiter Wohnblock in Magdeburg

- Sanierung, Wiedernutzung sowie Um- und Ausbau von Originalsubstanz
- Wohnbauflächenmanagement für innerstädtisches Wohnen
- Renaturierung von Brachflächen und Reduzierung des Bauflächenüberschusses; Neugliederung des Stadtkörpers und Ausbau der Erholungsfunktionen mit stadtökologischer Aufwertung

Stadtumbau Ost am Beispiel Magdeburg

2.4 Nachhaltige Stadtentwicklung

Ziel einer nachhaltigen Stadtentwicklung ist die langfristige Sicherung von Lebensqualität und Wirtschaftskraft im städtischen Raum.

kompakte Stadt	alle Daseinsgrundfunktionen sind in jedem Stadtviertel vorhanden
städtebauliche Verdichtung	ermöglicht durch kompakte Bauweise Sanierung und Umwidmungen im Baubestand
funktionale Mischung	Abkehr vom Leitbild der gegliederten Stadt: Verflechtung von Nutzungsarten innerhalb von Stadt und Stadtteilen (vgl. Kompakte Stadt)
Polyzentralität	Entwicklung großräumiger Siedlungsmuster nach dem Prinzip der dezentralen Konzentration; an der Peripherie findet Siedlungsentwicklung nur noch an ausgewählten Standorten statt

Zukunftsfähige Leitbilder der Stadtentwicklung

In der **Agenda 21** haben 1992 in Rio de Janeiro Vertreter aus 179 Staaten eine **nachhaltige Gesamtentwicklung** als Ziel ausgerufen. Ökonomische, ökologische und soziale Aspekte sollen hierbei gleichwertig beachtet werden. Das Motto „**Global denken – lokal handeln**" soll sicherstellen, dass die Menschen vor Ort Träger einer solchen Entwicklung sind. Daher ruft die Charta von Aarlborg 1993 zur Entwicklung lokaler Handlungskonzepte auf („**Lokale Agenda 21**").

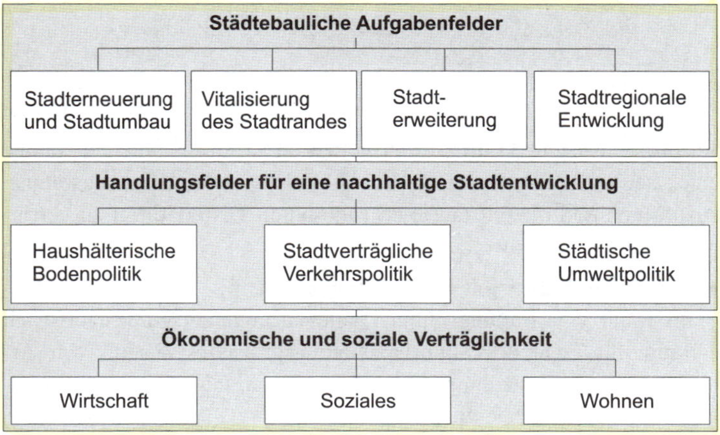

Das Leitbild „Nachhaltige Stadtentwicklung"

3 Wirtschaftsräumliche Disparitäten

Deutschland ist durch wirtschaftliche und soziale Disparitäten geprägt: Das BIP/Einwohner unterscheidet sich regional zwischen ca. 15 000 € in Mecklenburg-Strelitz und > 80 000 € im Landkreis München, die Arbeitslosenquoten schwankten zwischen ca. 11 % in Berlin und Bremen und 3,7 % in Bayern Ende 2014 (Deutschland: ∅ 6,7 %).

3.1 Bedeutungswandel ländlicher Räume

Ihre ursprünglich rein agrarische Funktion haben die ländlichen Räume im Zuge der wirtschaftlichen Entwicklung zur Industrie- und danach zur Dienstleistungsgesellschaft weitgehend verloren; u. a. gingen Beschäftigten- und BIP-Anteile der Landwirtschaft deutlich zurück.

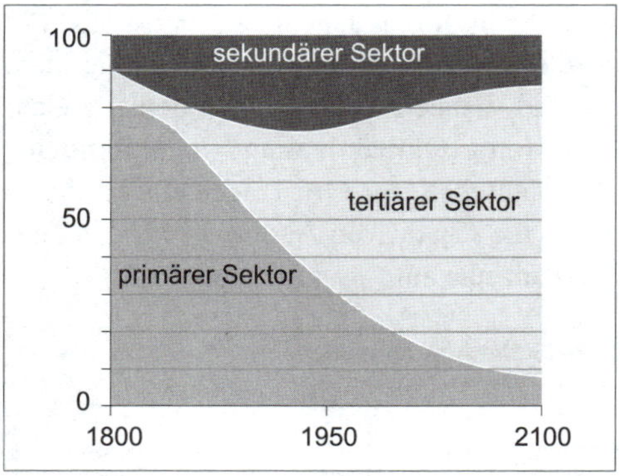

Entwicklung der Wirtschaftssektoren nach Jean Fourastié

Raumplanerische Maßnahmen helfen dabei, die ländlichen Räume einer neuen Bedeutung, z. B. als Ausgleichs- oder Erholungsräume, zuzuführen und die entstandenen **regionalen Disparitäten** zu verringern. Unterschieden werden:

- **Ländliche Räume mit Entwicklungsdynamik**
  am Rand von Ballungsräumen gelegen, Wandel zum städtischen Raum im Zuge des Suburbanisierungsprozesses; Zuzug von Arbeitskräften, Ansiedlung von Unternehmen, Zunahme von Wohnbebauung und Zersiedlung

- **Ländliche Räume mit Ansätzen von Entwicklung**
  noch durch Pendeln in erreichbarer Entfernung von Ballungsräumen gelegen; Tourismusangebote in landschaftlich attraktiven Regionen
- **Strukturschwache ländliche Räume**
  meist an der Peripherie gelegen, z. T. ehemalige Grenzregionen; Abwanderung wegen fehlender Arbeitsplätze, Rückgang der Infrastrukturangebote, allmähliche Entleerung, z. T. Wüstungen

3.2 Neuorientierung altindustrieller Gebiete

Der Niedergang der Kohle- und Stahlindustrie hat in den ehemaligen zu stark **monostrukturierten „Revieren" der Schwerindustrie** wie dem Ruhrgebiet oder dem Saarland zu Arbeitsplatzverlusten, Abwanderungen v. a. junger Bevölkerungsgruppen und damit Bevölkerungsrückgang und einem grundsätzlichen Bedeutungsverlust geführt. Die Folgen dieses **Deindustrialisierungsprozesses** versucht man durch einen wirtschaftlichen **Strukturwandel** zu beseitigen. Hierzu gehören **Revitalisierungsmaßnahmen** durch **Diversifizierung** im Bereich des sekundären und tertiären Sektors. Das Ruhrgebiet und das Saarland haben heute einen Beschäftigtenanteil von 70 % im Dienstleistungssektor. Aufgrund der langen Krisenzeiten wird es aber schwer sein, bei der langfristigen Ansiedelung von Zukunftsindustrien mit den Wachstumsräumen im Süden Deutschlands Schritt zu halten.

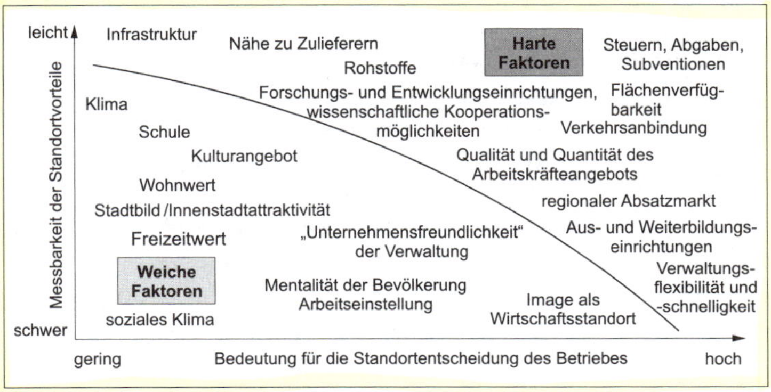

Harte und weiche Standortfaktoren

Kennzeichen der Wirtschaftsdynamik in Wachstumsräumen

- hoher Innovationsgrad
- sehr gut qualifizierte Arbeitskräfte
- hoher Anteil an FuE-intensiven Industrien
- Ausbildung von Wirtschaftsclustern
- sehr gute (globale) Vernetzung durch diversifiziertes Verkehrsnetz
- große Anzahl weicher Standortfaktoren wie Bildungs- und Kulturangebot, attraktives Umland (Freizeitangebote)

3.3 Wirtschaftliche Entwicklung in Ostdeutschland

Nach Einführung der Wirtschafts-, Währungs- und Sozialunion 1990 begann im Zuge des Transformationsprozesses der **wirtschaftliche Niedergang**, da die ostdeutsche Wirtschaft im Vergleich mit den alten Bundesländern und dem Weltmarkt nicht konkurrenzfähig war.

Der Begriff **Transformation** beschreibt den Wandel oder die Veränderung von Formen und Strukturen in politischer und wirtschaftlicher Hinsicht. Die **wirtschaftliche Transformation** umfasst eine Ausrichtung auf die Marktwirtschaft, Reprivatisierung im primären und sekundären Sektor, Kundenorientierung als neue ökonomische Grundhaltung, Nachfrageorientierung, Spezialisierung und Kosten-Nutzen-Kalkulation als Grundlage gewinnorientierten Wirtschaftens.

Ursachen für Probleme der ostdeutschen Wirtschaft

- **sozialistische Planwirtschaft** bis 1989 nach sowjetischem Muster: Produktion nach Fünf-Jahres-Plänen statt nach Marktbedürfnissen
- **geringe Produktivität** wegen veralteter Maschinen, fehlender Lohnanreize und mangelnder Motivation wegen Arbeitsplatzgarantie
- **geringe Innovationsbereitschaft** wegen fehlenden Wettbewerbs
- **Subventionen** für Lebensmittel, Wohnen, medizinische Versorgung, Energie und ÖPNV waren finanziell nicht gedeckt

Folgen für die ostdeutschen Bundesländer

→ politischer, wirtschaftlicher und sozialer **Transformationsprozess**

→ Arbeitsplatzverlust und **Arbeitslosigkeit**

→ **Deindustrialisierung:** Rückgang der Industrieproduktion um ca. 50 %; Privatisierung von ca. 10 000 volkseigenen Betrieben, meist nur „verlängerte Werkbänke“ von Westbetrieben; Stilllegung von ca. 4 000 Betrieben

→ **Absatzprobleme:** Wegfall früherer Handelspartner in Osteuropa, Verteuerung der ostdeutschen Produkte wegen der Währungsumstellung

→ **starke Bevölkerungsverluste:** Massenabwanderung v. a. von jungen Qualifizierten in den Westen und in den Großraum Berlin

→ **kein Aufschwung** wegen fehlender qualifizierter Arbeitskräfte und geschrumpften Binnenmarktes, aber auch wegen Kapitalmangels

→ **starkes Gefälle** zwischen alten und neuen Bundesländern

→ Entstehen deutlicher **regionaler Disparitäten** zwischen großstädtischen Zentralregionen und ländlichen Gebieten

→ unterstützende **Transferzahlungen** von den alten für die neuen Bundesländer (u. a. Solidaritätszuschlag „Soli“)

→ **Strukturförderung der EU** für die ostdeutschen Bundesländer

Ursachen für die Probleme der ostdeutschen Bundesländer und die Folgen

Wirtschaftliche Transformation

- marktwirtschaftliche Ausrichtung, u. a. bei Standortentscheidungen
- Reprivatisierung im primären und sekundären Sektor
- Entstehen privatwirtschaftlicher Branchen im sekundären und tertiären Sektor
- Kundenorientierung als neue ökonomische Grundhaltung
- Nachfrageorientierung und Spezialisierung
- Kosten-Nutzen-Kalkulation als Grundlage gewinnorientierten Wirtschaftens

Beispiel

Transformationsprozesse in der Landwirtschaft

- **vorher:** Landwirtschaftliche Produktionsgenossenschaften (LPGs), kollektive Landwirtschaft
- **nachher:** mangelnde Erfahrung als Unternehmer, Kapitalmangel, fehlende Modernisierung, zu geringe Flächengröße, schlechte Infrastruktur auf dem Land, Konkurrenz u. a. durch Agrarimporte

4 Regionale Bedeutung des Tourismus

4.1 Tradition und Wandel in Fremdenverkehrsregionen

Die deutschen Urlauber favorisieren in den letzten Jahrzehnten Auslandsreisen. Allerdings spielen Reisen im eigenen Land nach wie vor eine wichtige Rolle.

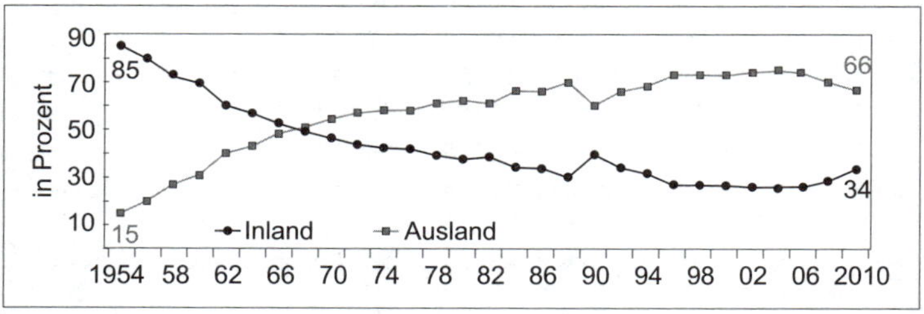

Inlands- und Auslandsreisen der Deutschen 1954 – 2010

In Deutschland gibt es drei touristische **Hauptziele**

- die deutsche Nord- und Ostseeküste
- den Alpenraum
- Großstädte und Kurorte

Tourismus an der Küste

18. Jh.	mondäne Kurhotels des Adels, Kurtheater, Musikpavillons, Ufer- und Strandpromenaden
19. Jh.	Sommerfrische des bürgerlichen Mittelstandes, kleinere „bescheidenere“ Unterkünfte, z. T. in Privatpensionen
1950er-Jahre	Boom des Badetourismus zur Zeit des Wirtschaftsaufschwunges: Ferienhaussiedlungen, Campingplätze, Appartmentanlagen
Ende des 20. Jh.	Konkurrenz durch Charter- und Billigflüge / Mittelmeerraum- und Ferntourismus; Sättigung der touristischen Nachfrage; geändertes Urlaubsverhalten generell (z. B. mehrere kürzere Urlaube, Erlebnistourismus, Aktivurlaub)
21. Jh.	„Indoor-Angebote“ (Wellenbäder, Badelandschaften, Schlechtwetterprogramme) wegen der wetterbedingten Saisonalität; Qualitätssteigerung (Luxushotels, Clubanlagen, Golfplätze); Orte mit Zielgruppenorientierung (z. B. Wellness, Gesundheitswochen)

Tourismus im Alpenraum

Ende des 18. Jh.	erste Anfänge
19. Jh.	„Alpinismus" – Entdecken der unberührten Natur, Anlage von Wanderwegen und Schutzhütten; Urlauber aus akademischer und finanzieller Oberschicht; „Kurlaub": Kuraufenthalte in der gesunden Höhenluft: Palasthotels groß wie Residenzschlösser
20. Jh.	Erschließung der Alpen durch Eisenbahn und Bergstraßen; Infrastrukturausbau
nach 1955	massenhafter Sommertourismus im Zuge individueller Motorisierung: Bergsport- und Naturorientierung
nach 1965	Aufkommen des Wintertourismus (Skilaufen); Bau von Seilbahnen und Sesselliften; doppelte Saison
ab 1980	Stagnation und Rückgang zunächst beim Sommertourismus, dann beim Wintertourismus trotz neuer Sportarten wie Snowboarden
ab 1990	Trend zum Tages- und Wochenendtourismus, weniger Übernachtungen; Rückgang des Wandertourismus, regionale Zusatzprobleme wegen schneearmer Winter
21. Jh.	Verknüpfung mehrerer Skiregionen (Skizirkus, Skiarena), hohe Investitionen, Konzentration auf schneesichere Zentren; künstliches Beschneien, bequemere Skilifte, Flutlichtanlagen, Fun-Parks; begleitende Großevents (z. B. Stars aus der Musikszene, Après-Ski); fehlende Konkurrenzfähigkeit kleiner, peripherer und kleinbetrieblich strukturierter Fremdenverkehrsorte

Städtetourismus

16./17. Jh.	Beginn – Bildungsreisen junger Adliger
18./19. Jh.	Großbürgertum – Besichtigung von Kulturdenkmälern und technischen Einrichtungen; Adel: Rückzug in Kurbäder
19./20.Jh.	Ausweitung mit Aufkommen der Eisenbahn; Bahnhöfe als Standorte von Gastronomie und Hotels
nach 1945	wegen Kriegszerstörungen häufig Stagnation und Rückgang
ab 1980	städtetouristischer Boom als Reaktion auf Attraktivitätssteigerung, Sanierung historischer Bausubstanz; Kulturveranstaltungen; Zunahme der Zweit- und Drittreisen als Kurzurlaub; Events, Spezialangebote für Tagesausflüge (z. B. Musical-Programme)
21. Jh.	ein Drittel aller Touristenankünfte in Deutschland findet in Großstädten statt, v. a. an Wochenenden und Feiertagen

Beispiel

Mecklenburg-Vorpommern hat mit mehr als 10 000 Übernachtungen je 1 000 Einwohnern Schleswig-Holstein auf Platz 2 und Bayern auf Platz 3 in der Rangliste verdrängt.

4.2 Neue Freizeitangebote und deren Standortfaktoren

Die „Freizeitindustrie“ versucht seit den 1990er-Jahren, neue Angebote für Spaß, Sport und Kommerz zu entwickeln. Da sie häufig Ziel von Tagesausflüglern sind, müssen die Standorte im Nahraum platziert werden. Für die Kommunen sind sie als Möglichkeit der Stadterneuerung interessant. Dieses neue touristische Angebot hat die **Wettbewerbssituation für traditionelle Kurzurlaubs- und Ausflugsziele** verschärft.

Beispiele

Eventisierung	Oktoberfest, DFB-Endspiel
touristische Inszenierungen	Reichstagsverhüllung
Stadtfeste	Kaltenberger Ritterspiele
Freizeit- und Erlebnisparks	Europapark Rust
Brand Parks	BMW-Welt München, Legoland Günzburg
Urban Entertainment Center	CentrO in Oberhausen

Neue Freizeitangebote

4.3 Nachhaltige Raumnutzung durch sanften Tourismus

Vor allem die **Begleiterscheinungen des Massentourismus** seit den 1980er-Jahren haben Strategien für einen umwelt- und sozialverträglichen „**sanften**“ oder „**nachhaltigen**“ Tourismus entstehen lassen. Häufig sind sanfte Reisen in kleinen Gruppen kostenintensiver als Urlaubsangebote aus dem Prospekt.

Ziele des sanften Tourismus

- Schutz und Erhalt der Landschaft
- Schaffung einer innerregional verankerten Tourismuswirtschaft
- Verflechtung der Tourismuswirtschaft mit anderen einheimischen Wirtschaftsbereichen
- Sicherung der soziokulturellen Identität der Einheimischen
- Zufriedenheit aufseiten der Reisenden und der Einheimischen

Stichwortverzeichnis

ADI (Ausländische Direktinvestitionen) 53
Agenda 21 91
Albedo 2, 24
Alpen 42 ff.
Alterspyramiden 57
Anökumene 12
Antarktis 23 ff.
Aquifer 28
Arktis 23 f.
Atmosphäre 1
Atmosphärische Zirkulation 3 ff.
Aufbau der Erde 44

Bevölkerung 56 ff.
– ~spolitik 59 f.
– ~sverteilung 57
Bewässerung 28 f.
Big Push 53, 79
Bodendegradierung 20, 31
Bodenversalzung 31
Braindrain/Braingain 62
Butler, Richard 82

Cluster 73
Corioliskraft 4, 8

Deindustrialisierung 89, 93, 95
Dependenztheorie 52
Desertifikation 20
Desurbanisierung 89
Deutschland 84 ff.
Disparitäten 60, 84, 92 ff.
Drei-Schluchten-Damm 34 f.
Drei-Zellen-Modell 4 f.
Dritte Welt 50
Dualismus, wirtschaftlicher 52

Edge City 67
El Niño 10 f.
Energien, erneuerbare 30, 41
Energierohstoffe, fossile 37 ff.
Entwicklung
– autozentrische 54
– Indikatoren 49
– ~shilfe 55
– ~sländer 50 f., 59
– ~sstrategien 53 ff.
– ~stheorien 51 f.
– ~szusammenarbeit 55
Erdbeben 44 f.

Fabriken, virtuelle 72
Fauna 12
Fertilitätsrate 58, 84, 86
Flora 12
Flüchtlingsströme 63
Flüsse 32 ff.
Föhn 5, 43
Footloose Activity 72
Fourastié, Jean 92
Fragmentierung 66, 68
Freihandel 77

Gated Community 68
Gentrifizierung 66, 90
Geodeterminismus 51
Gini-Koeffizient 49
Globalisierung 72 ff.
Global Player 72

Globalstrahlung 2
Good Governance 49, 54, 79
Grundbedürfnisstrategie 53

Handelsabkommen 79
HDI/Human Development Index 49
Hilfe zur Selbsthilfe 53
Hydroenergie 30

ITC/Innertropische Konvergenzzone 11

Jetstream 5
Just in time/sequence 72

Kalte Zone 21 ff.
Klima
– ~änderungen 46
– ~schwankungen 46
– ~schutz 48
– Tageszeiten~ 14
– ~wandel 46 ff.
– ~zonen 5 f.
Kohlenstoffkreislauf 3
Kolonialstadt 68
Kondratieff, Nicolai 87

Lagerstätten 35
Landgrabbing 41
Ländliche Räume 92 f.
Latosol 15, 20
LDC/Less Developed Countries 50
Lean Production 72
Lithosphäre 44

Marginalsiedlungen 68, 70 f.
Megastädte 70 f.
Metropolisierung 70 f.
Migration 60 ff.
Millenniums-Entwicklungsziele 54, 79
Modernisierungstheorie 52
Mykorrhizae 15

NGO (Nichtregierungsorganisation) 55
Niederschlagsvariabilität 18, 20

Ökumene 12
Ozeanische Zirkulation 8 f.

Permafrostboden 22
Plantagen 17
Planwirtschaft 94
Podsol 22
Polare Zone 23 ff.
Primate City 70
Produktionssysteme 72 f.
Protektionismus 77
Pull-Faktoren 64
Push-Faktoren 64

Recycling 40
Regenwald, tropischer 13 ff., 21, 26
– ~abholzung 16
– ~schutz 18
Reserven 36
Ressourcen 24, 36
Reurbanisierung 89
Revitalisierung 93
Rohstoffe
– fossile 37
– nachwachsende 41
Rostow, Walt Whitman 52

Savannen 13, 20 f.
Schwellenländer 50

Schwerindustrie 93
Segregation 66, 71, 86, 89
Self Reliance 79
Shifting Cultivation 16
Shrinking City 89
Spin-off-Unternehmen 72
Standortfaktoren 72, 93
Stadt
– ~entwicklung 66, 91
– europäische 65 f.
– fragmentierte 68
– lateinamerikanische 68
– nachhaltige Stadtentwicklung 91
– nordamerikanische 67
– orientalische 69
– perforierte 90
– Physiognomie der 64
– transformierte 90
– ~umbau 90
Strukturwandel 87, 93
Subduktionszonen 45
Subpolare Zone 21 ff.
Subsistenzwirtschaft 16
Suburbanisierung 66, 88 f.
Strahlungshaushalt 2

Taiga 13, 22
Terms of Trade 75, 79
Tertiärisierung 88
Theorie der langen Wellen 87
Tourismus
– Deutschland~ 96 f.
– Fern~ 80 ff.
– sanfter 44, 98
Tragfähigkeit 57
Transformation 94 f.
Treibhauseffekt 2 f., 47
Treibhausgase 2, 47
Triade 74
Trickle-down-Effekt 53, 79
Tropen 6, 14 ff., 21
– immerfeuchte 14 ff.
– wechselfeuchte 18 ff.
Tsunami 44 f.
Tundra 13, 22

Übergang, demographischer 58 f.
Urbanisierung 89
Urban Sprawl 67

Vegetation
– Höhenstufen der 42
– ~szonen 13
Vorlaufer, Karl 83
Vulkanismus 44 f.

Wachstumspole 53
Wachstumsräume 94
Walker-Zirkulation 10
Wandel, demographischer 58, 85
Wanderung 60 f.
– Außen ~ 60
– Binnen ~ 60
Wasser
– ~konflikte 30 f.
– ~kreislauf 27 f.
Weltbevölkerung 56
Welthandel 74 f.
Weltwirtschaftsordnung 78
Wirtschaftszusammenschlüsse 77

Zyklone 6 f.

Quellennachweis

2: Gesellschaft für Geokommunikation mbH, Köln/Geoagentur Landscape/Martin, Christiane Lexikon der Geowissenschaften. Bd. 5. 2002, S. 99 © Spektrum Akademischer Verlag, Heidelberg. Spektrum Akademischer Verlag ist ein Imprint von Springer SBM;
3: Klimaänderung 2007. Zusammenfassungen für politische Entscheidungsträger. IPCC 2007, S. 11. (Hinweis des Rechteinhabers As an UN body the IPCC publishes reports only in the six official UN languages. Therefore, the German translation is not an official translation by the IPCC.);
4: Schönwiese, Christian-Dietrich Klimatologie. Ulmer Verlag 1994, S. 185;
6: Haversath, J.-B. Geographie heute, Sammelband Wetter und Klima. Seelze / Velber Friedrich Verlag 2000;
7: Klohn, W./Windhorst, H.-W. Vechtaer Materialien zur Geographie 5 (Physische Geographie), 2000, S. 211;
10: nach Deutsches Zentrum für Luft- und Raumfahrt (DLR);
11: nach Deutsches Zentrum für Luft- und Raumfahrt (DLR);
14: Bernhard Mühr; www.klimadiagramme.de;
15 (links): Lauer 1987, S. 17; Schultz 2000, S. 499; verändert. Fundort Klohn, W./ Windhorst, H.-W. Physische Geographie Böden, Vegetation, Landschaftsgürtel. Vechtaer Materialien zum Geographie-unterricht 6, 3. Erw. Aufl. Vechta 2003, S. 92;
15 (rechts): nach Wimmers, R. / Theissen, U. / Neumann, J. / Kühnen, F. V. / Konopka, H.-P. / Koch, R. / Kron, E. A. (Hg) Mensch und Raum, Geographie Oberstufe. Berlin Cornelsen 2010, S. 27;
16: Daten aus www.mongabay.com, Zugriff am 10. 11. 2008;
19 (oben): Bernhard Mühr; www.klimadiagramme.de;
19 (unten): Krings, Thomas Sahel. Senegal, Mauretanien, Mali, Niger. DuMont Buchverlag. Köln. 1982, S. 22 (unten);
21: Neef, Ernst Das Gesicht der Erde, Physische Geographie, VEB F.A. Brockhaus Verlag Leipzig, 5. Auflage 1981, S. 564;
22 (unten): Darstellung nach: Brown, J., O. Ferrians, J. A. Heginbottom, and E. Melnikov. 2014. Circum-Arctic Map of Permafrost and Ground-Ice Conditions. Boulder, Colorado USA: National Snow and Ice Data Center;
25 (oben): eigene Darstellung nach www.antarktis.ch/46.htm;
25 (unten): zusammengestellt nach: Umweltbundesamt Dessau-Rosslau; umweltbundesamt.de/antarktis/index.htm;
27: Schweizerischer Verein des Gas- und Wasserfaches SVGW, Zürich;
31: Bender, H.-U. / Thierer, M. / Wallert, W. / von der Ruhren, N. / Kümmerle, U. Fundamente Land-schafts-zonen. Klett 1986, S. 70;
36: www.materialflows.net/images/stories/global_resource_extraction_2005-2030.jpg;
37: Weber, Leopold/Zsak Gabriele/Schatz, Michael/Reich, Christian World Mining Data 2009, Vol. 24m, Wien 2009;
38: nach Daten von IEA 2012 New Policies Scenario in DERA Energiestudie 2012;
45: GFZ Deutsches GeoForschungsZentrum;
50: UNDP; HDI Stand Nov 2014;
54: UN;

56: Population Division of the Department of Economic and Social Affairs of the United Nations Secretariat (2013). World Population Prospects: The 2012 Revision. New York: United Nations;
57: eigene Darstellung, Datengrundlage: http//esa.un.org/unup/Wall-charts/urban-agglomerations.pdf;
61: Atlas der Globalisierung, 2. Auflage 2010; Le Monde Diplomatique/TAZ, S. 17;
63: Darstellung nach: UNHCR Globale Trends 2011; cc by-nc-nd/3.0/de/ (bpb);
66: Korby Wilfried, TERRA global – Das Jahrtausend der Städte, Stuttgart Klett Verlag, S. 17;
67: Marston, S. / Knox, P. u. a. Humangeographie. Übers. von B. Metz. Hei-del-berg Spektrum Akademischer Verlag 2007, S. 685; 67 Borsdorf, A. / Bähr, J. / Janoschka, M. Die Dynamik stadtstrukturellen Wandels in Lateinamerika im Modell der latein-amerika-nischen Stadt. In Geographica Helvetica 57 / 4 (2002), S. 300 – 310;
68: Borsdorf, A./Bähr, J./Janoschka, M., 2002: Die Dynamik stadtstrukturellen Wandels in Lateinamerika im Modell der lateinamerikanischen Stadt. In: Geographica Helvetica 57/4 (2002), S. 300 – 310;
69: nach Ehlers, E. Die Stadt des Islamischen Orients. Modell und Wirklichkeit. In GR 45, H. 1 /1993, S. 32 – 39;
73: Kulke, E. Geographie und Schule 122 /1999; S. 12. Aulis Verlag in der Stark Verlagsgesellschaft mbH & Co. KG; 84 picture-alliance / dpa-info-grafik;
75: picture alliance /© dpa-infografik;
77: nach Engelhard, K. (Hg.) Welt im Wandel. Stuttgart Omnia-Verlag 2007, S. 5;
78: Redaktion Ökonomie AG, Heinrich-Heine-Gymnasium Ostfildern, www.e-globalisierung.org/kapitel 4/6; 89 UNWTO 2001, 2010; 39 Robert Jungk, GEO 10 / 1980;
80: UNWTO 2001, 2010;
83: Vorlaufer, Karl Tourismus in Entwicklungsländern. Möglichkeiten und Grenzen einer nachhaltigen Entwicklung durch Fremdenverkehr. Wissenschaftliche Buchgesellschaft, Darmstadt, 1996, S. 9;
85: © BBR Bonn 2008; www.raumbeobachtung.de;
87: Thomas, H. / Nefiodow, L. / Dostal, W. Kondratieffs Zyklen der Wirtschaft. Herford Busse & Seewald 1998, S. 156;
90: Rainer Koch (Foto);
92: A.Jo, http//de.wikipedia.org/w/index.php?title=DateiFourastie.png&filetimestamp%20=20051009025335, public domain;
93: Hollbach-Grömig, B. / Henckel, D. / Grabow, B. Weiche Standortfaktoren. Stuttgart Kohlhammer 1995;
96: Zusammenstellung nach Forschungsgemeinschaft Urlaub und Reisen e. V. (F. U. R.) Die Reiseanalyse im Westentaschen-format. Hamburg, 1999; F. U. R. Die Reiseanalyse RA 2000. Kiel 2001; F. U. R. Die Reiseanalyse RA 2002. Kiel 2002 (Daten ab 14 Jahren; ab 1990 mit neuen Bundesländern), aktualisiert nach Destatis, Statistisches Jahrbuch 2011